Nr. 2503

Herausgegeben im Auftrage des Ministerpräsidenten Heinz Kühn
vom Minister für Wissenschaft und Forschung Johannes Rau

Dipl.-Ing. Bernd Heißing
Dipl.-Ing. Hans Miksch

Institut für Kraftfahrwesen
der Rhein.-Westf. Techn. Hochschule Aachen
Leitung: Prof. Dr.-Ing. Jürgen Helling

Untersuchung der Fahrdynamik von Pkw unterschiedlicher Konzeption bis in den Grenzbereich mit Hilfe eines theoretischen Fahrzeugmodells

Westdeutscher Verlag 1975

© 1975 by Westdeutscher Verlag GmbH, Opladen
Gesamtherstellung: Westdeutscher Verlag

ISBN-13: 978-3-531-02503-2   e-ISBN-13: 978-3-322-88289-9
DOI: 10.1007/978-3-322-88289-9

Inhalt

1.	Aufgabenstellung	5
2.	Stand der Forschung	6
3.	Mathematisches Fahrzeugmodell (Kurzbeschreibung des Arbeitsmittels)	11
4.	Fahrzeugbezogene Meßdaten	14
4.1	Fahrzeuggeometrie	15
4.2	Massen und Massenträgheitsmomente	16
4.3	Kennwerte der Radaufhängung	16
4.4	Kennwerte der Lenkung	18
4.5	Federung und Dämpfung	18
4.6	Bereifung	19
4.7	Aerodynamische Kennwerte	19
5.	Auswahl der Fahrzeugstrukturen	19
6.	Fahrmanöver der Simulation	23
7.	Bewertung der fahrdynamischen Abstimmung	24
7.1	Stationärer Fahrtverlauf	24
7.2	Instationärer Fahrtverlauf	32
8.	Zusammenfassung	52

Literaturverzeichnis   53

1. AUFGABENSTELLUNG

Die Betriebssicherheit des Transportsystems Kfz wird
wesentlich durch das Zusammenwirken von Fahrer und Fahrzeug bestimmt. Mit einer intensiven Vorbereitung des Fahrers
auf die Regelaufgabe, die er bei der Führung eines Kfz
zu erfüllen hat, muß eine Abstimmung des Fahrzeuges einher-
gehen, die die dynamischen Eigenschaften des Fahrzeuges
an das nur in Grenzen variable Regelverhalten des Menschen
anpaßt. Eine Verringerung der Unfallursachen schließt daher
notwendig die Bearbeitung des Bereichs ein, der allgemein
als aktive Sicherheit oder, auf die Fahrzeugdynamik bezogen, als Fahrverhalten bezeichnet wird.

Die Forschungsarbeiten auf diesem Gebiet sind zwei grund-
sätzlichen Arbeitsschritten zuzuordnen. Wie später noch
genau ausgeführt wird, umfaßt der erste Arbeitsschritt
die Optimierung der Fahrzeugdynamik. Parallel dazu ist ein
Verfahren für die objektive Bewertung der Fahrzeugdynamik
zu entwickeln, das die Realisierung der in dem ersten Schritt
gewonnenen Ergebnisse zuläßt.

Es stellt sich insbesondere an den Gesetzgeber die Frage,
ob neben den bereits bestehenden Vorschriften für die Gestaltung eines Fahrzeuges, z. B. im Bereich der passiven
Sicherheit, ähnliche Vorschriften erlassen werden, die
Leistungsangaben für das Fahrverhalten und damit für die
aktive Sicherheit enthalten. Arbeiten auf nationaler
(Fakra-Arbeitsausschuß AA-I 9) und internationaler Ebene
(ISO/TC 22 SC 9), die vorerst von den Automobilherstellern
initiiert wurden, weisen auf die Notwendigkeit hin, auch
den Bereich des Fahrverhaltens durch Leistungsvorgaben
zu standardisieren.

Hier setzt die vorliegende Untersuchung an. Mit dem Arbeitsmittel Simulationsprogramm, dessen aufwendiger Modellansatz
eine realistische Berechnung der Fahrzeugreaktion bis in den

Grenzbereich zuläßt, sollen ausgewählte PKW Testroutinen unterworfen werden, die eine objektive Charakterisierung des dynamischen Verhaltens dieser Fahrzeuge zulassen. Dabei sollen Vorschläge, die inzwischen für Testroutinen und Auswerteverfahren existieren, berücksichtigt und auf ihre Aussagekraft untersucht werden.

2. STAND DER FORSCHUNG

Das vom Fahrer gelenkte Kraftfahrzeug ist mit dem regelungstechnischen Begriff des Regelkreises zu beschreiben, in dem der Mensch u. a. die Funktion des Reglers übernimmt, der eine vorgegebene Zuordnung zwischen Fahrzeug und Fahrbahn einzuhalten hat. Abweichungen von der vorgegebenen Zuordnung, die als Zeitfunktion anzusehen ist, stellen sich im Sinne der Fahrstabilität als Differenz zwischen Soll- und Istkurs dar. Für den Regler Mensch ergibt sich dabei die Aufgabe, die Kursabweichung mit Hilfe der Bedienungselemente Lenkrad, Gaspedal und Bremse trotz der auftretenden Störgrößen zu minimieren.

Der geschlossene Regelkreis ist ein schwingungsfähiges Gebilde, und es hängt, da die Adaptionsmöglichkeiten des Reglers "Fahrer" begrenzt sind, wesentlich von den Gesetzmäßigkeiten des Fahrzeuges ab, ob sich das Gesamtsystem unter dem Einfluß von Störungen in bezug auf die Kurshaltung stabil verhält. Der Begriff Fahrverhalten kennzeichnet damit ausschließlich das Verhalten der Regelstrecke, des Fahrzeuges.

Ein Schwerpunkt der Forschung auf dem Gebiet der Fahrstabilität ist die Klärung der Fragestellung, welches Fahrverhalten eine optimale Anpassung des Fahrzeuges an den Fahrer darstellt. Dazu ist es notwendig, das Fahrverhalten eines Fahrzeuges zu beschreiben und zu charakterisieren, d. h. Methoden zur Beurteilung des Fahrverhaltens zu entwickeln oder zu verfeinern.

Eine heute noch häufig angewandte Beurteilungsmethode ist die der subjektiven Bewertung im Fahrversuch, bei der die Gesamt-Fahreigenschaften des Fahrer-Fahrzeug-Systems bestimmt werden. Der Fahrer übt zugleich die Funktion des Reglers und

die der Meßwert-Erfassung und -Bewertung aus, so daß diese
Beurteilungsmethode nicht als Grundlage eines objektiven
Bewertungsverfahrens dienen kann.

Ziel zahlreicher Forschungsvorhaben war und ist es daher,
ein objektives Meßverfahren vorzustellen, das reproduzierbare
Versuchsergebnisse erbringt und dessen Ergebnisse eine dem
subjektiven Urteil vergleichbare Charakterisierung des Fahrverhaltens zulassen. Ein derartiges Verfahren würde es ermöglichen, eine Zielvorstellung für die optimale Abstimmung des
fahrdynamischen Verhaltens zu entwickeln, an der bestehende
Fahrzeuge gemessen und mit der Neukonstruktionen ausgelegt
werden können.

Damit gliedert sich die Aufgabe, Leistungsvorgaben für das
Fahrverhalten zu entwickeln, in zwei grundsätzliche Themen:

1. Entwickeln einer Zielvorstellung für die optimale
   fahrdynamische Abstimmung

2. Erstellen eines objektiven Bewertungsverfahrens

Die Untersuchungen des ersten Arbeitsschrittes müssen auf
der Grundlage von closed-loop-Versuchen durchgeführt werden.
Hier ist die Interaktion zwischen Fahrer - Fahrzeug zu
analysieren, da nur das geschlossene System die Leistung
der Kurshaltung erbringt und eine Bewertung sowie Optimierung
nur an dem Ergebnis dieser Arbeit vorgenommen werden kann.
Sind die Parameter erstellt, die das Zusammenwirken Fahrer -
Fahrzeug definieren, kann ein Lastenheft für das Fahrverhalten anhand von open-loop-Tests festgelegt werden.

Der zweite Arbeitsschritt umfaßt die Entwicklung eines Verfahrens zur objektiven Bewertung des dynamischen Verhaltens
ausgeführter Fahrzeuge, um so den Automobilherstellern Richtlinien für die Abstimmung der Fahrzeuge in der Prototypphase
zu geben und dem Gesetzgeber eine Kontrolle über die Ein-
haltung dieser Richtlinien zu ermöglichen.

Die Testroutine des Bewertungsverfahrens kann nur open-loop-
Versuche enthalten, da nur dann die Voraussetzungen der Ob-
jektivität, Reproduzierbarkeit und Bedingungskontrolle gegeben sind.

Unabhängig davon erfordert die Erarbeitung derartiger Testverfahren ein Vorgehen, bei dem closed-loop-Versuche den Bezug zwischen subjektivem Urteil und meßtechnisch ermittelter Kenngröße geben.

Die bekannten Verfahren der Fahrstabilitätsuntersuchung lassen sich, ohne zunächst das konkrete Versuchsprogramm zu berücksichtigen, hinsichtlich ihres theoretischen Ansatzes dem Thema der beiden Arbeitsschritte - Bewertungsverfahren und Optimierung der Fahrdynamik - zuordnen (Abb. 1).

1. Der eingangs schon erwähnte closed-loop-Fahrversuch, bei dem der Fahrer zugleich die Funktion des Reglers, der Meßwerterfassung und der Bewertung übernimmt, vermag ausschließlich das Fahrverhalten auf der Grundlage einer subjektiven Bewertung zu optimieren. Dieses Verfahren ist, wie sich in der Vergangenheit erwiesen hat, recht leistungsfähig, liefert aber keinen Beitrag zur Standardisierung des Fahrverhaltens. Darüber hinaus besteht die Gefahr, daß sich sowohl die Regeleigenschaften wie auch die Bewertungsmaßstäbe der besonders ausgebildeten Testfahrer von denen des Normalfahrers unterscheiden und damit ein für den normalen Fahrbetrieb ungünstiges Fahrverhalten entwickelt werden kann.

2. In Erweiterung der closed-loop-Fahrversuche zu spezifischen Fahrleistungsversuchen wurde dem subjektiven Urteil des Testfahrers eine Meßwerterfassung und Auswertung zur Seite gestellt. Einer dieser Versuche ist der von der FAKRA AA-I 9 erarbeitete ISO-Wedeltest (8), der das Verhalten eines Fahrzeuges charakterisieren soll, wenn es von seiner ursprünglichen Fahrspur möglichst schnell auf eine parallele Spur und wieder zurück gelenkt wird. Da der Einfluß des Fahrers nicht ausgeschaltet wird, können dieses und ähnliche Verfahren keine objektive Beurteilung des Fahrverhaltens liefern, was inzwischen durch Analysen (7) belegt ist. Die gleichzeitige Erfassung von Meßsignalen und einer möglichst differenzierten subjektiven Beurteilung kann jedoch über eine Korrelationsrechnung Aufschluß über die Aussagekraft eines Meßwertes zur Beurteilung der Fahrzeugdynamik geben.

3. Reproduzierbare Aussagen über das Fahrverhalten sind durch open-loop-Versuche (__Fahrverhaltensversuch__) möglich. Die Regelstrecke Fahrzeug wird entweder in einen stationären Zustand gebracht oder durch eine definierte Störung angeregt. Die im stationären Zustand erreichten Werte für charakteristische Größen (z.B. Gier-, Schwimm- oder Lenkwinkel) oder deren Einlaufen in den Endwert bei instationären Fahrmanövern dienen zur Bewertung des Fahrverhaltens. Beispiele hierfür sind der Vorschlag zu einer stationären Kreisfahrt (Dokument (UK-1)1) der ad-hoc-WG des ISO/TC 22/SC 9(10) und die Vorgabe der Grenzbedingungen für die Gierwinkelgeschwindigkeit bei einer sprungartigen Lenkwinkelverstellung, die in den US-ESV-Spezifikationen (12) angegeben ist.

4. Den open-loop-Fahrversuchen entsprechen die Berechnungen, die mit Hilfe eines mathematischen Fahrzeugmodells in einer __Fahrzeugsimulation__ vorgenommen werden. Voraussetzung ist der Nachweis, daß die Ergebnisse der Simulation mit denen des Fahrversuchs übereinstimmen. Für das nachfolgend beschriebene und im Rahmen dieser Arbeit verwendete Simulationsprogramm ist dieser Nachweis bis in den Grenzbereich geführt. Der Vorteil der Simulation gegenüber dem Fahrversuch ist die genaue Bedingungskontrolle und Reproduzierbarkeit der Versuche. Die Simulation ermöglicht außerdem eine so genaue Erforschung der Zusammenhänge bis in die Teilsysteme des Fahrzeuges, wie sie selbst bei sehr hohem meßtechnischen Aufwand im Versuch nicht zu erbringen wäre. Zudem bestände die Gefahr, daß Meßwertgeber und Aufzeichnungsgeräte das dynamische Verhalten des Fahrzeuges beeinflussen.

5. Ein Arbeitsmittel, das sowohl zur Findung des Bewertungsverfahrens wie auch bei der fahrdynamischen Optimierung des Gesamtsystems Fahrer - Fahrzeug eingesetzt werden kann, ist der __Fahrsimulator__ (9). Unter der Voraussetzung, daß die im Fahrversuch an den Fahrer übergebenen Informationen realistisch nachgebildet werden, liefert die labormäßige Analyse

Ergebnisse, die unter genau definierten und reproduzierbaren Versuchsbedingungen bei freier Programmierbarkeit der Fahrzeugparameter und der Fahrmanöver ermittelt werden.

6. Obwohl in der Vergangenheit einige Simulationsprogramme für das Regelungsverhalten des Menschen vorgestellt wurden, ist es bisher nicht gelungen, in dem closed-loop-Versuch einer <u>Fahrer - Fahrzeug - Simulation</u> das Gesamtverhalten des Systems nach den Verfahren der Regelungstechnik theoretisch zu optimieren.

Anhand der dargestellten Charakterisierung der verschiedenen Verfahren zur Fahrstabilitätsuntersuchung läßt sich die im Rahmen der vorliegenden Arbeit durchgeführte Fahrzeugsimulation in der Weise in die z. Z. aktuellen Forschungsaufgaben einordnen, daß ausgeführte Fahrzeuge inzwischen vorgeschlagenen Testroutinen unterworfen werden. Der besondere Vorteil der Fahrzeugsimulation, die hohe Auflösung bei der Beobachtung der Teilsysteme, kann dabei die Klärung von Wirkungsmechanismen unterstützen.

3. MATHEMATISCHES FAHRZEUGMODELL
(Beschreibung des Arbeitsmittels)

Die Berechnung der Fahrtverläufe wurde vorgenommen mit der Fortran-Version eines Simulationsprogramms, dem das nachfolgend beschriebene Fahrzeugmodell nach Sorgatz (1) zugrunde liegt, wobei auf eine detaillierte Darstellung des Modellansatzes und eine mathematische Herleitung des Ersatzsystems verzichtet wird.

Das Fahrzeug-Ersatzsystem (Abb. 2) ist angesetzt als Vierradfahrzeug und Fünfmassensystem. Aufbau, Fahrer (Beifahrer) und Zuladung sind als eine starre Masse eingeführt ohne Einschränkung auf Symmetrie der Massenverteilung oder spezieller Schwerpunktlagen. Die vier Radmassen sind an der Aufbaumasse kinematisch angelenkt. Elastizitäten in den Radführungs- und Lenkungsbauteilen geben dem System zusätzliche Freiheitsgrade (insgesamt 23).

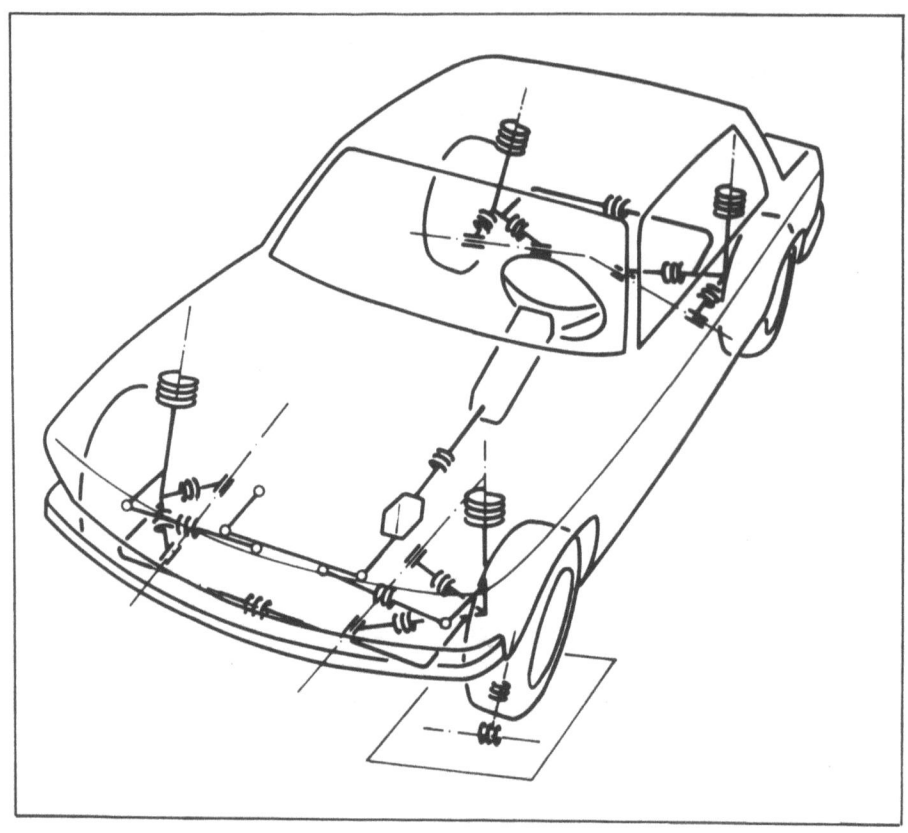

Abb. 2: Strukturbild des Fahrzeugersatzsystems

Für die Radführung wird ein kinematisches Ersatzmodell verwendet, das universell für alle Einzelradaufhängungen und verallgemeinert auch für Starrachsen anwendbar ist. Zusätzlich wird ein quasistatisches Rahmenmodell für die elastischen Lenk- und Sturzwinkeländerungen in Form von Einflußmatrizen für Vorder- und Hinterachse angesetzt, in dem auch Koppeleffekte zwischen den Rädern einer Achse berücksichtigt werden.

Die Lenkwinkel der Vorderachse werden dargestellt durch ein dynamisches Kernmodell in Form einer Differentialgleichung zweiter Ordnung, um den Einschwingvorgang bei schnellen Lenkbewegungen zu beschreiben. Dazu werden die Trägheitsmomente beider Vorderräder zu einem Ersatzrad zusammengefaßt, an dem die als um die Lenkachse trägheitsfrei angenommenen Räder elastostatisch angelenkt sind.

Für die Beurteilung der Lenkgeometrie ist die Annahme
eines beliebigen Lenkgesetzes für die unterschiedlichen
Lenkwinkel der Vorderräder eingeführt.

Die Federkräfte werden als beliebig nichtlineare
Funktion des Einfederweges ohne Hysterese angesetzt.
Stabilisatoren bzw. Ausgleichsfedern schaffen die
fahrdynamisch wichtigen Kopplungen. Als Funktion der
Einfedergeschwindigkeit werden die Dämpferkräfte für
Druck- und Zugphase in Form eines Kennfeldes eingeführt.

Von besonderer Bedeutung für die Fahrdynamik sind die
Reifeneigenschaften, die nahezu ohne Vereinfachungen
in Form der auf einem Reifenprüfstand ermittelten Kennfelder eingegeben werden.

Die Seitenführungskräfte und die Schräglaufmomente
des Reifens werden als beliebig nichtlineare Funktionen
vom Schräglaufwinkel des einzelnen Rades durch Vorgabe
von Kennfeld-Stützmatrizen und quadratische Interpolation
mit zwei Variablen errechnet. Der Einfluß von Umfangskräften beim Antreiben oder Bremsen auf das Seitenführungsverhalten und auf die Schräglaufmomente der
Reifen werden in Abhängigkeit vom Schräglaufwinkel berücksichtigt.

Die realistische Simulation von Fahrtverläufen bis in den
Grenzbereich erfordert einen Modellansatz, der ohne die
allgemein übliche Beschränkung auf kleine Winkel oder kleine
Verformungen formuliert wird. Reifeneigenschaften, die nur
bei extremen Fahrsituationen von Bedeutung sind, werden
daher berücksichtigt, wie z. B. die Zunahme des Reifenwiderstandes in Abhängigkeit von Radlast, Schräglaufwinkel
und Geschwindigkeit oder der instationäre Aufbau der Seitenführungskräfte bei schnellen Kursänderungen.

Für die aerodynamischen Kräfte und Momente wurden die nichtlinearen dimensionslosen Funktionen für alle sechs Aufbaufreiheitsgrade als Funktion vom Schiebewinkel eingeführt,
wie sie sich aus Sechskomponenten-Messungen im Windkanal ergeben.

Die Übereinstimmung zwischen Simulation und Versuch wurde

bei stationären und instationären Fahrmanövern nachgewiesen, was in Abb. 3 am Beispiel des Wedeltests belegt ist. Die Ergebnisse einer Simulationsrechnung liegen in Form einer Ausgabematrix vor, die insgesamt 120 Größen in Zuordnung zur Zeit enthält und die zur Weiterverarbeitung in einer Ergebnisdatei abgelegt werden. Über eine Sekundär-Software können die Ausgabedaten reduziert, miteinander verknüpft und auf Plotter oder Mikrofilmanlage in Diagrammform ausgegeben werden.

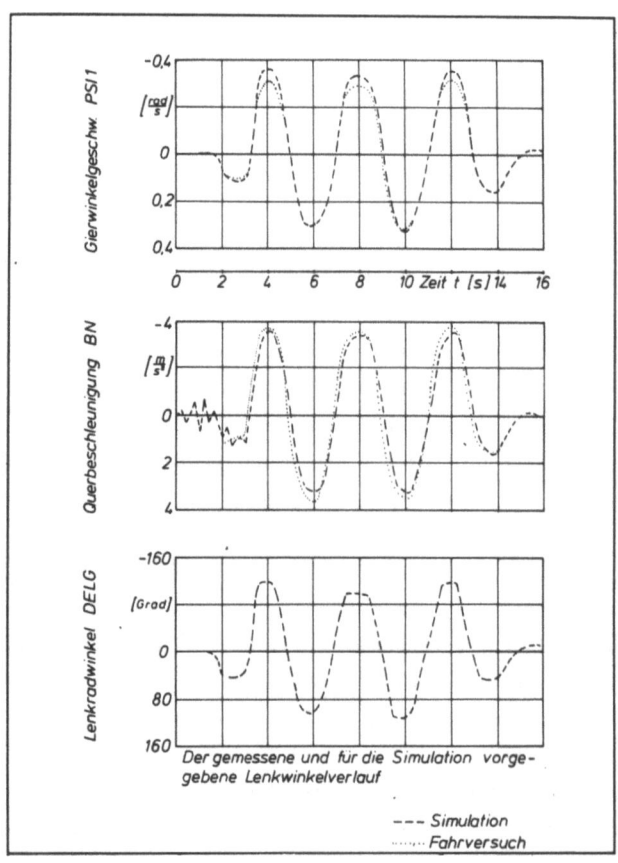

Abb. 3: Vergleich Simulation - Fahrversuch am Beispiel des Wedeltests

4. FAHRZEUGBEZOGENE MESSDATEN

Die Datenversorgung für Fahrzeug-Simulationsprogramme erfordert einen Meßdatensatz, der ein Fahrzeug für fahrdynamische Berechnungen hinreichend beschreibt. Zur Ermittlung

der Fahrzeugdaten wurde ein Meßprogramm entwickelt, das
speziell auf den Ansatz der Modellformulierung abgestimmt
ist und sich zum Teil auf besondere Meßprozeduren abstützt.

4.1 Fahrzeuggeometrie

Zur Erstellung rechnerischer Fahrerverhaltensuntersuchungen
ist eine räumliche Kopplung der aus der Vermessung re-
sultierenden Fahrzeugderivativa erforderlich. Sie erfolgt
durch Zuordnung eines fahrzeugfesten Koordinatensystems,
das in Übereinstimmung mit der SAE Terminologie (11) entsprechend Abb. 4 vereinbart wurde.

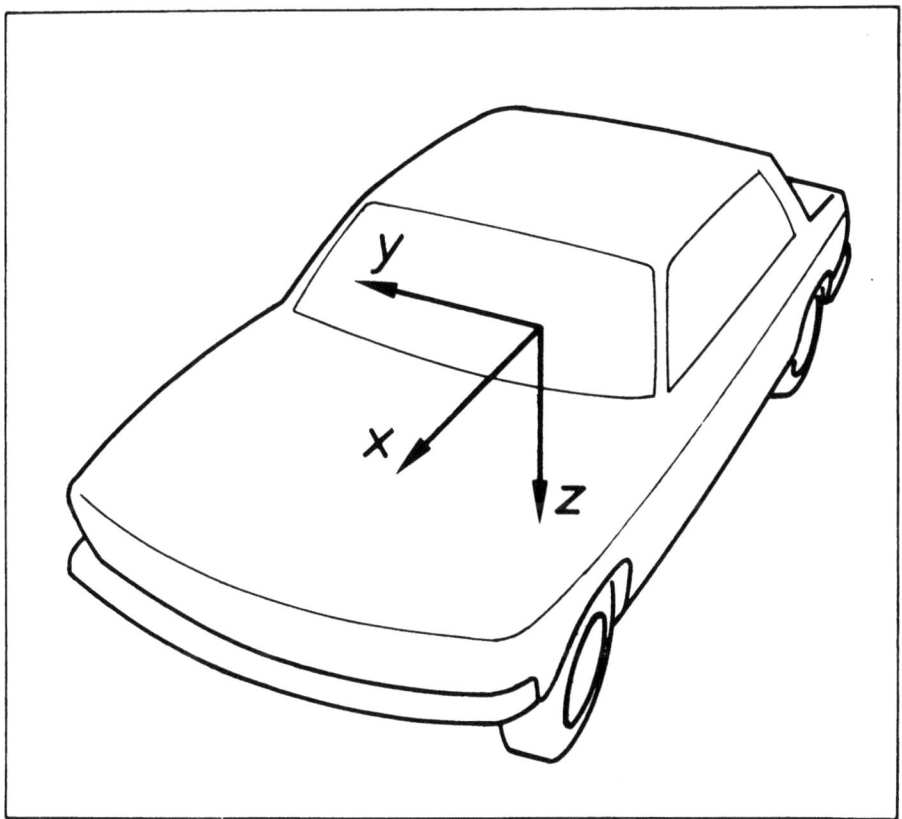

Abb. 4:   Koordinatensystem nach SAE J 670

4.2 Massen und Massenträgheitsmomente

Der Fahrzeugaufbau wird als starrer Körper angenommen, mit dem wiederum starr Zusatzmassen (hier: Insassen, Gepäck und Kraftstofftank) verbunden sind. Die Datenerfassung beinhaltet daher eine Ermittlung der Schwerpunkte des Aufbaus sowie der Zusatzmassen, um die Simulation unterschiedlicher Belastungsfälle zuzulassen. Die ungefederten Massen, zu denen die Räder und anteilmäßig Radführungselemente, Federn und Dämpfer zu rechnen sind, werden über eine Messung der Radlasten bei aufgebocktem Fahrzeug und demontierter Federung und Dämpfung bestimmt. Das Gewicht der Federn und Dämpfer wird der Bauart entsprechend prozentual der so gemessenen Radlast zugeschlagen.

Die Massenträgheitsmomente des Gesamtfahrzeuges um alle drei Achsen und die der Räder um ihre Drehachse und Lenkachse (Vorderräder) werden experimentell durch Ermittlung der Eigenschwingungszeit in Pendelversuchen bestimmt.

Ein speziell entwickelter Prüfstand erlaubt die Pendelung des Aufbaus gegen den Widerstand genormter Federn(Abb. 5). Die Beschreibung der Dynamik des gelenkten Rades schließt die Messung des Trägheitsmomentes der beim Lenken bewegten Massen ein, einschließlich Federbein bzw. Achsschenkel und Bremsen.

4.3 Kennwerte der Radaufhängung

Die Kennwerte der Radaufhängung wie Spreizung, Nachlauf, Lenkrollradius und Vorspur werden am unbeladenen Fahrzeug mit Hilfe der bekannten optischen Meßverfahren ermittelt. Lenkwinkel-, Sturzwinkel-, Radstands- und Spurweitenänderungen, die kennzeichnenden Größen der Radkinematik, werden über dem Federweg aufgezeichnet und in eine für die Datenbibliothek vorgegebene Form gebracht. Speziell entwickelte Versuchseinrichtungen erlauben die Aufnahme der Elastizitäten in den Bauteilen der Radaufhängung, die linearisiert eine Zuordnung zwischen den auf das Rad wirkenden Kräften und Momenten und den daraus abzuleitenden Lenk- und Sturzwinkeländerungen angeben.

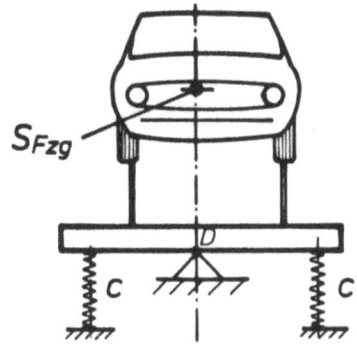

Massenträgheitsmoment um Fzg.-Längsachse

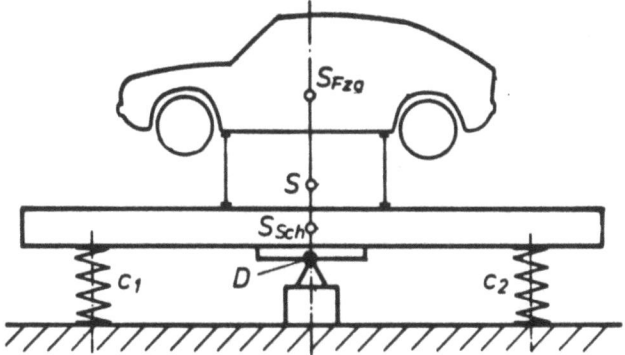

Massenträgheitsmoment um Fzg.-Querachse

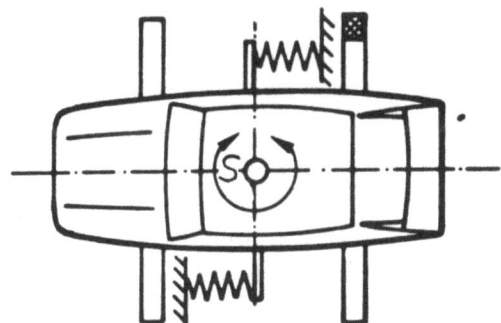

Massenträgheitsmoment um Fzg.-Hochachse

Abb. 5: Vorrichtung zur Bestimmung der Massenträgheitsmomente

4.4 Kennwerte der Lenkung

Die Zuordnung zwischen dem Lenkradwinkel und den Lenkwinkeln der beiden Vorderräder wird lichtoptisch gemessen und in die zur Dateneingabe notwendige Form - mittleres Übersetzungsverhältnis und Kennfeld eines Lenkkorrekturwinkels - gebracht.

Als Maß für die Lenkungsdämpfung, die sich aus der Reibung in den Lagerstellen und gegebenenfalls aus der Wirkung des Lenkungsdämpfers ergibt, wird eine Kenngröße bestimmt, die den Widerstand gegen die Lenkbewegung ins Verhältnis zur Lenkgeschwindigkeit setzt. Die Messung geschieht auf einer Prüfstandanordnung, bei der die Vorderräder durch ein definiertes Moment um die Lenkachse gedreht werden. Aus der Lenkgeschwindigkeit im stationären Bewegungszustand ist das Dämpfungsmaß abzuleiten.

Die Elastizitäten in den Lenkungsbauteilen werden bei festgelegtem Lenkrad in einer Vorrichtung gemessen, die weitgehend der zuvor angesprochenen Anordnung zur Ermittlung der Radaufhängungselastizitäten gleicht.

4.5 Federung und Dämpfung

Zur Bestimmung der Tragfederraten wird die auf den Radaufstandspunkt bezogene Federkraft in Abhängigkeit vom Federweg vom vollständig ausgefederten bis zum vollständig eingefederten Zustand bei gleichsinnigem Einfedern der Achse gemessen. Um Verspannungen in den Bauteilen der Radaufhängung bei den meist auftretenden Radstands- und Spurweitenänderungen zu verhindern, werden die Fahrzeug-Räder gegenüber den Waageplatten reibungsarm auf Kugelrollplatten gelagert.

Aus dem Maß der Wankfederrate, die in einem entsprechenden Verfahren bei wechselseitigem Einfedern gemessen wird, ist auf die Federrate eines Stabilisators bzw. einer Ausgleichsfeder zu schließen.

Die Dämpferkennung wird auf einem Dämpferprüfstand der gebräuchlichen Bauart (Kurbeltrieb) gefahren.

4.6 Bereifung

Der umfangreiche Kennfeld-Satz für die Reifeneigenschaften wurde im wesentlichen durch Zusammenarbeit mit der Reifenindustrie erstellt. Die durch unterschiedliche Meßmethoden der Reifenhersteller verbleibenden Lücken im Kennfeld-Satz konnten durch den Zugriff zur VW-Datenbibliothek, der uns freundlicherweise ermöglicht wurde, geschlossen werden.

4.7 Aerodynamische Kennwerte

Zur Beschreibung der aerodynamischen Kräfte und Momente werden die sechs Funktionen der stationären aerodynamischen Beiwerte in Abhängigkeit vom Schiebewinkel benötigt. Diese Beiwerte, die mit der notwendigen Genauigkeit nur aus 1 : 1 Windkanalversuchen abzuleiten sind, lagen zum Zeitpunkt der Berechnungen nicht vollständig vor. Die fehlenden Kennfelder wurden daher anhand von Modellüberlegungen aus den vorhandenen Daten abgeleitet. Geringe Abweichungen von der Realität, die dieses Vorgehen verursacht, können im Hinblick auf das Testprogramm, das keine speziellen Aerodynamik-Einflüsse untersucht, zugelassen werden.

5. AUSWAHL DER FAHRZEUGSTRUKTUREN

Die Auswahl der Fahrzeugstrukturen für vergleichende Berechnungen zu Fahrverhaltensfragen kann nach verschiedenen Kriterien geschehen. Da das Antriebskonzept immer wieder ein Gegenstand der aktuellen Diskussion ist, wurden insgesamt sechs Fahrzeuge ausgewählt, die sich im Antriebskonzept und in ihrer Größe voneinander unterscheiden.

Fahrzeug A 1 : untere Mittelklasse, Frontantriebssatz

Fahrzeug A 2 : Mittelklasse, Frontantriebssatz

Fahrzeug B 1 : untere Mittelklasse, Standardantrieb
(Frontmotor, Heckantrieb)

Fahrzeug B 2 : Mittelklasse, Standardantrieb

Fahrzeug C 1 : untere Mittelklasse, Heckantriebs-Satz

Fahrzeug C 2 : Mittelklasse, Heckantriebs-Satz

Die Fahrzeuge sind Typen aus der zur Zeit der Datenermittlung laufenden Produktion von verschiedenen Herstellern und unterscheiden sich daher nicht nur im Antriebskonzept. Es kann jedoch davon ausgegangen werden, daß jedes der Fahrzeuge nach den Vorstellungen der Hersteller in seinem fahrdynamischen Verhalten optimiert wurde und daß damit Fahrzeuge untersucht wurden, die den aktuellen Stand in der Fahrwerksabstimmung repräsentieren. Zur besseren Übersicht bei der anschließenden Diskussion der Versuchsergebnisse sind die wichtigsten Fahrzeugdaten tabellarisch zusammengefaßt. Die angegebenen Daten geben einen Auszug der gesamten Datenmenge wieder. Zahlreiche Zusammenhänge, wie z. B. Reifeneigenschaften, aerodynamische Kennwerte, Feder- und Dämpferkennlinien, werden in Form einer Kennfeldmatrix eingegeben, so daß weitgehend auf eine Reduktion der realen und auch berücksichtigten Einflüsse zum Zweck der Darstellung verzichtet wurde. Die dennoch angegebenen, durch Linearisierung gewonnenen Mittelwerte sind durch einen Zusatz gekennzeichnet.

Wesentliche Konstruktionsdaten
der Testfahrzeuge: untere Mittelklasse

Fahrzeug:	A 1	B 1	C 1
angetriebene Achse	vorn	hinten	hinten
Lage des Motors	vorn	vorn	hinten
Gesamtmasse $[kg]$	860	910	915
Schwerpunktshöhe $[m]$ (bei Betriebsgewicht)	0,388	0,475	0,598
Achslastverteilung v/h $[\%]$	61,6/38,4	53,2/46,8	41,3/58,7
Fahrzeuglänge $[m]$	3,89	4,18	4,08
Radstand $[m]$	2,47	2,43	2,42
Spurweite v/h $[m]$	1,319/1,352	1,36/1,32	1,38/1,35
Massenträgheitsmoment um			
- Hochachse $[kg\ m^2]$	1258	1442	1569
- Querachse $[kg\ m^2]$	1217,8	1481	1569
- Längsachse $[kg\ m^2]$	366,1	284,5	441
Lenkübersetzung (Mittelwert)	20	20	16,5
Radaufhängung			
- vorn	Mc Pherson Federbein	Doppel-Querlenker	Mc Pherson Federbein
- hinten	Starrachse an Watt-Gest.	Starrachse an Längslenker	Schräglenker
Hubfederrate (Mittelwert)			
- vorn $[N/mm]$	15,6	13,6	12
- hinten $[N/mm]$	19,5	17,5	18,5
Stabilisatorrate (Mittelwert)			
- vorn $[N/mm]$	5,72	16,7	8
- hinten $[N/mm]$	0	4	0
Bereifung	145 SR 13	155-13	5.60-15

Wesentliche Konstruktionsdaten der Testfahrzeuge:

Mittelklasse

Fahrzeug:	A 2	B 2	C 2
angetriebene Achse	vorn	hinten	hinten
Lage des Motors	vorn	vorn	hinten
Gesamtmasse [kg]	1089	1443	1100
Schwerpunktshöhe [m] (bei Betriebsgewicht)	0,495	0,51	0,525
Achslastverteilung v/h [%]	55,2/44,8	52/48	43,5/46,5
Fahrzeuglänge [m]	4,59	4,68	4,53
Radstand [m]	2,67	2,75	2,50
Spurweite v/h [m]	1,42/1,424	1,4/1,45	1,376/1,35
Massenträgheitsmoment um			
- Hochachse [kg m^2]	1942	2643	1810
- Querachse [kg m^2]	1903	2684	1716
- Längsachse [kg m^2]	440	479	392
Lenkübersetzung (Mittelwert)	21,6	24	20
Radaufhängung			
- vorn	Querlenker Federbein	Doppel-Querlenker	Mc Pherson Federbein
- hinten	Starrachse an Längslenkern	Schräglenker	Schräglenker
Hubfederrate (Mittelwert)			
- vorn [N/mm]	14	15,6	16,6
- hinten [N/mm]	18	21	18,5
Stabilisatorrate (Mittelwert)			
- vorn [N/mm]	5,5	22,85	6,55
- hinten [N/mm]	3,5	3,5	4,5
Bereifung	165 SR 14	175 S 14	155 SR 15

6. FAHRMANÖVER DER SIMULATION

Das Fahrmanöver zur Erfassung des <u>stationären</u> Fahrverhaltens ist die Kreisfahrt mit konstantem Radius und konstanter Geschwindigkeit.

Analog zu der für Fahrversuche vorgeschlagenen Test-Prozedur (10) gestaltet sich der durch die Berechnung vollzogene Fahrverlauf in der Weise, daß das Fahrzeug aus dem Zustand der ungestörten Geradeausfahrt mit v = 3 m/s in eine Kreisbahn (r = 25 m) eingelenkt wird. Ein im Simulationsprogramm enthaltener Lenkregler (PID-Charakteristik) regelt den vorgegebenen Sollwert für den Kreisradius ein. Nachdem das Fahrzeug in der Kreisbahn einen stationären Zustand erreicht hat, und die Fahrt näherungsweise der open-loop Bedingung genügt, wird die Geschwindigkeit durch eine schrittweise Steigerung der Antriebskräfte nach und nach auf einen Endwert von v = 14 m/s (entsprechend b_n = 7,8 m/sec^2) gesteigert. Die Längsbeschleunigung des Fahrzeuges ist dabei so gering, daß ein Einfluß der zur Beschleunigung zusätzlich notwendigen Radumfangskräfte auf das Fahrverhalten ausgeschlossen werden kann. Die Berechnung der Fahrt wird abgebrochen, wenn der vorgegebene Sollwert für den Bahnradius nicht mehr eingehalten werden kann.

Zur Beurteilung der <u>instationären</u> Fahrt wurden zwei Fahrmanöver herangezogen:

- Aus der ungestörten Geradeausfahrt wird das System Fahrzeug durch einen nahezu sprungförmigen Lenkwinkelverlauf angeregt. Die Testbedingungen dieses Versuches (12), der für den Fahrversuch entworfen und in den ESV Spezifikationen für das amerikanische Sicherheitsauto definiert wurde, sehen eine Lenkwinkelgeschwindigkeit von $\dot{\delta}$ = 500 Grad/sec vor.

Die Sprungamplitude wird in mehreren Iterationen auf den Wert festgelegt, der bei der anschließenden Kreisfahrt eine Querbeschleunigung von a_n = 4 m/s^2 verursacht. Die Versuchsbeschreibung sieht eine Beurteilung des auf den stationären Endwert bezogenen Gierwinkelgeschwindigkeitsverlaufs vor, für den Grenzbedingungen formuliert wurden.

- Das zweite instationäre Fahrmanöver entspricht dem Wedeln im Fahrversuch. Durch einen sinusförmigen Lenkradwinkelverlauf wird das Fahrzeug zu Gierschwingungen angeregt, die die Erfassung des Gierfrequenzganges ermöglichen.

7. BEWERTUNG DER FAHRDYNAMISCHEN ABSTIMMUNG

Die in den Abb. 6 bis 17 zusammengestellten Diagramme sind fotografische Vergrößerungen der aus der Ergebnismatrix gewonnenen Mikrofilme. In einigen Fällen wurde zur besseren Übersichtlichkeit eine Weiterbearbeitung der Diagramme vorgenommen.

7.1 Stationärer Fahrtverlauf

Das klassische Fahrmanöver zur Bewertung des Fahrverhaltens ist die stationäre Kreisfahrt, deren Auswertung in der Regel anhand eines Diagrammes vorgenommen wird, in dem der Lenkradwinkel über der Querbeschleunigung aufgetragen ist (Abb. 6). Diese Form der Darstellung kennzeichnet im Sinne der Definition nach Bergman (11) den Fahrzustand eines Fahrzeuges dann als "Untersteuern", wenn der Gradient der Lenkwinkelkurve positive Werte aufweist. Ein Kurven-Maximum bzw. -Minimum entspricht dem "neutralen" Lenkverhalten und deutet auf einen Wechsel in der Steuertendenz.

Der negative Gradient zeigt "Übersteuern" an, da der Lenkwinkel zurückzunehmen ist, um bei steigender Querbeschleunigung den vorgegebenen Kreisradius einzuhalten.

Beginnend mit dem von Radstand, Kreisradius und Lenkübersetzung abhängigen Ackermannwinkel steigt der Lenkradwinkel zunächst bis zu einer Querbeschleunigung von $4 \, m/s^2$ für alle Fahrzeuge mit nahezu dem gleichen Gradienten an. Damit wird bestätigt, daß die heute gebräuchlichen Fahrzeuge in diesem Bewegungszustand untersteuern. Mit weiter zunehmender Querbeschleunigung ergeben sich deutliche Unterschiede in der Abstimmung der Beispielfahrzeuge. Die Fahrzeuge mit Heckantriebssatz C1, C2 weisen eine relative stärkere Zunahme der Untersteuertendenz auf, bis kurz vor Erreichen der maximalen Querbeschleunigung ein plötzlicher Wechsel im Lenkverhalten eintritt und beide Fahrzeuge übersteuern.

Der Tendenzwechsel im Lenkverhalten, der im wesentlichen auf Traktionseinflüsse zurückzuführen ist, kann näherungsweise auch

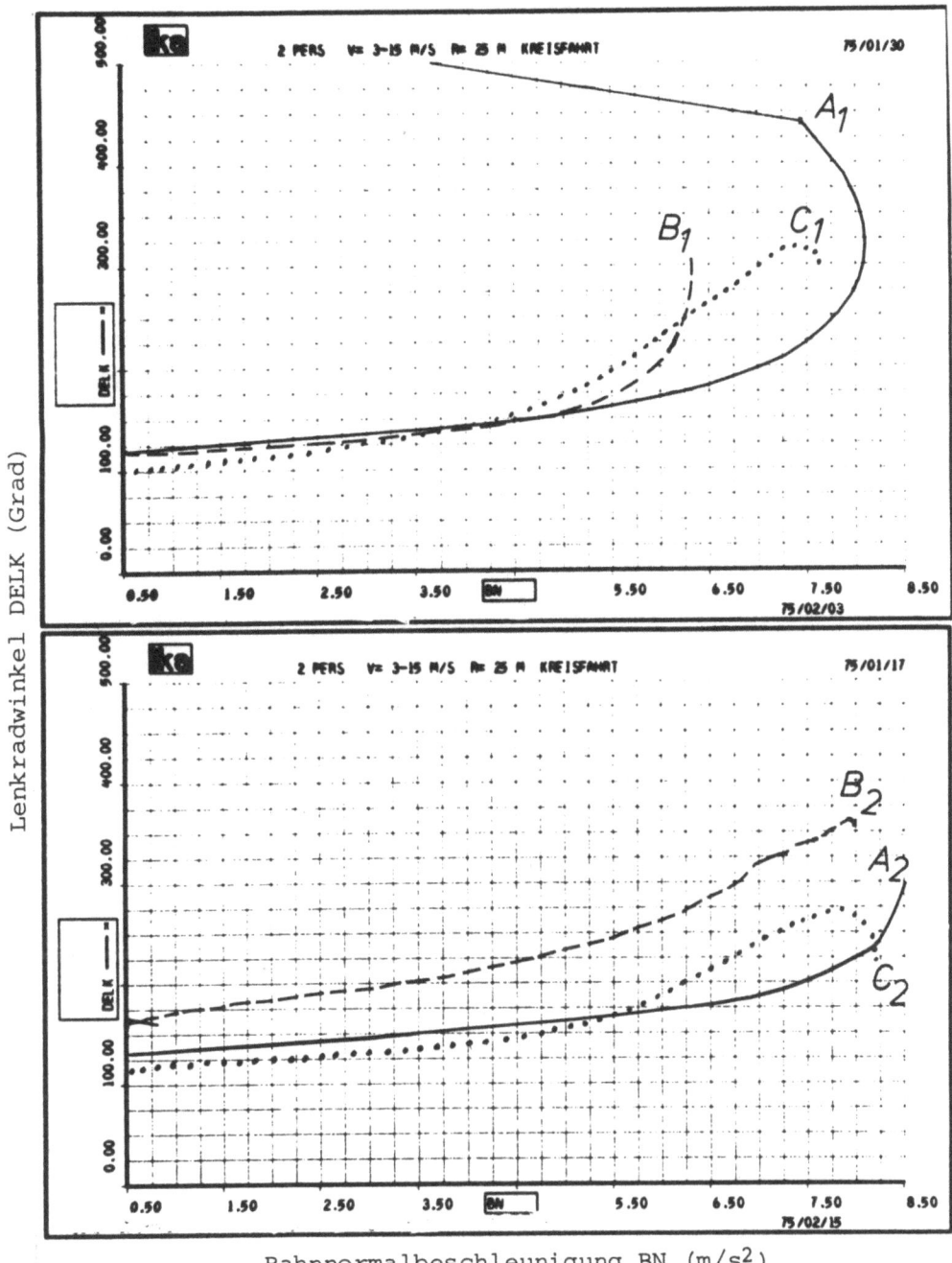

Abb. 6: Lenkverhalten bei stationärer Kreisfahrt,
V = 3-15 m/s, R = 25 m

im Verhalten des Fahrzeuges B 2 (Standardbauweise) festgestellt
werden. Bei diesem Fahrzeug ist die Untersteuertendenz in dem
Bereich, der im normalen Fahrbetrieb eingehalten wird, nahezu
konstant und steigt dann geringfügig an. Erst im Grenzbereich
vollzieht sich ein Wechsel zum Übersteuern. Ein derartiges Fahrverhalten
gilt z. Z. bei einigen Automobilherstellern als das
Optimum in der Fahrwerksabstimmung. Die gleichbleibende Untersteuertendenz
bietet dem Normalfahrer die Möglichkeit, das Fahrzeug
in den üblichen Fahrsituationen sicher zu handhaben, da eine
überschaubare Zuordnung zwischen Lenkwinkel und Querbeschleunigung
besteht. Im Grenzbereich erlaubt die Übersteuerneigung, die außerdem
durch eine Steigerung der Antriebskräfte zu provozieren ist,
für den geübten Fahrer das Abfangen des Fahrzeugs.

Der ungleichmäßigere Verlauf der Lenkwinkelkurven für die Fahrzeuge
C 1 und C 2 und der Tendenzwechsel bei geringeren Querbeschleunigungen
muß als ungünstiger angesehen werden, da schon
bei normalen Fahrsituationen höhere Anforderungen an die Regeleigenschaften
des Fahrers gestellt werden.

Ein von den bisher besprochenen Fahrzeugen abweichendes Verhalten
zeigen die Lenkwinkelverläufe der frontangetriebenen
Fahrzeuge A 1 und A 2. Die Untersteuertendenz dieser Fahrzeuge
ist über einen weiten Bereich konstant und bei mittleren Querbeschleunigungen
relativ gering. Erst unter dem Einfluß hoher
Querbeschleunigungen steigt die Untersteuertendenz progressiv
an, und die Fahrzeuge erreichen die maximale Querbeschleunigung,
ohne daß eine Tendenzwende im Lenkverhalten eintritt. Auch der
Verlauf dieser Kurven ist ursächlich auf den Traktionseinfluß
zurückzuführen. Ein derartiges Verhalten, das zeitweise in
ähnlicher Form in den USA gefordert wurde, ermöglicht eine
schnelle und sichere Zuordnung zwischen Lenkwinkel und Querbeschleunigung,
bietet dem Fahrer im Grenzbereich jedoch nur
geringe Aktionsmöglichkeiten.

Der Kurvenverlauf für das Fahrzeug B 1 kann nicht in die Diskussion
einbezogen werden, da der starke Anstieg der Untersteuertendenz
bei 6 m/s^2 auf eine Instabilität im System des
Lenkreglers zurückzuführen ist, die auch nach einer Änderung
der Reglerparameter nicht beseitigt werden konnte.

Die Fortführung der Kurve über die maximale Beschleunigung hinaus
für das Fahrzeug A 1 weist auf eine Ungenauigkeit in der Auswertung hin, da in diesem Fall auch Wertepaare dargestellt sind,
bei denen die Bedingung des 25 m Radius' nicht eingehalten wurde.

Insgesamt zeigt die Form der Auswertung in Abb. 6 charakteristische Unterschiede im Lenkverhalten der Untersuchungsfahrzeuge, wobei die vergleichbaren Fahrzeugstrukturen in
beiden Fahrzeugklassen Ähnlichkeiten aufweisen. In den Diagrammen der Abb. 7 und 8 sind die Schräglaufwinkel der kurvenäußeren Räder und der Schwimmwinkel ebenfalls über der Querbeschleunigung aufgetragen. Außerdem enthalten diese Diagramme
eine Darstellung der Übersteuercharakteristik DELTA nach der
Definition von Engels (13).

Aus Versuchen mit einem dynamischen Fahrsimulator (9) hat sich
u. a. eine hohe Korrelation zwischen dem subjektiven Fahrempfinden und dem Betrag des Schwimmwinkels ergeben. Als besonders unangenehm wurden große Schwimmwinkel und ein Vorzeichenwechsel im Schwimmwinkel empfunden. Mit den negativ beurteilten
Fahrzeugen absolvierten die Fahrer Testsituationen mit einer
höheren Fehlerquote, als es mit günstiger bewerteten Fahrzeugen
der Fall war.

Die in den Diagrammen abgebildeten Schwimmwinkel-Verläufe beginnen bei niedrigen Querbeschleunigungen ausnahmslos im negativen Bereich bei einem Schwimmwinkel von -2° bis -3°.
Daran schließt sich eine lineare Verringerung des Schwimmwinkelbetrages an, die bei den Fahrzeugen A 1, A 2, B 1, B 2
nur in der Nähe des Grenzbereiches zu einem Vorzeichenwechsel
führt. Die Fahrzeuge mit Heckantriebssatz C 1, C 2 weichen
deutlich von dem Verhalten der übrigen Fahrzeuge ab. Schon bei
einer Querbeschleunigung von 4 m/s^2 (C 1) bzw. 5 m/s^2 (C 2)
tritt der Vorzeichenwechsel ein, und danach steigt der Schwimmwinkel progressiv auf $5,5^o$ (C 1) bzw. 9° (C 2) an. Das Verhalten dieser Fahrzeuge wäre demnach als sehr ungünstig zu
bezeichnen.

Mit der Darstellung der Übersteuercharakteristik DELTA wird
ein Beispiel für die Vielzahl der bisher in der Literatur
vorgestellten Kenngrößen gegeben. Die Definition der Übersteuer-

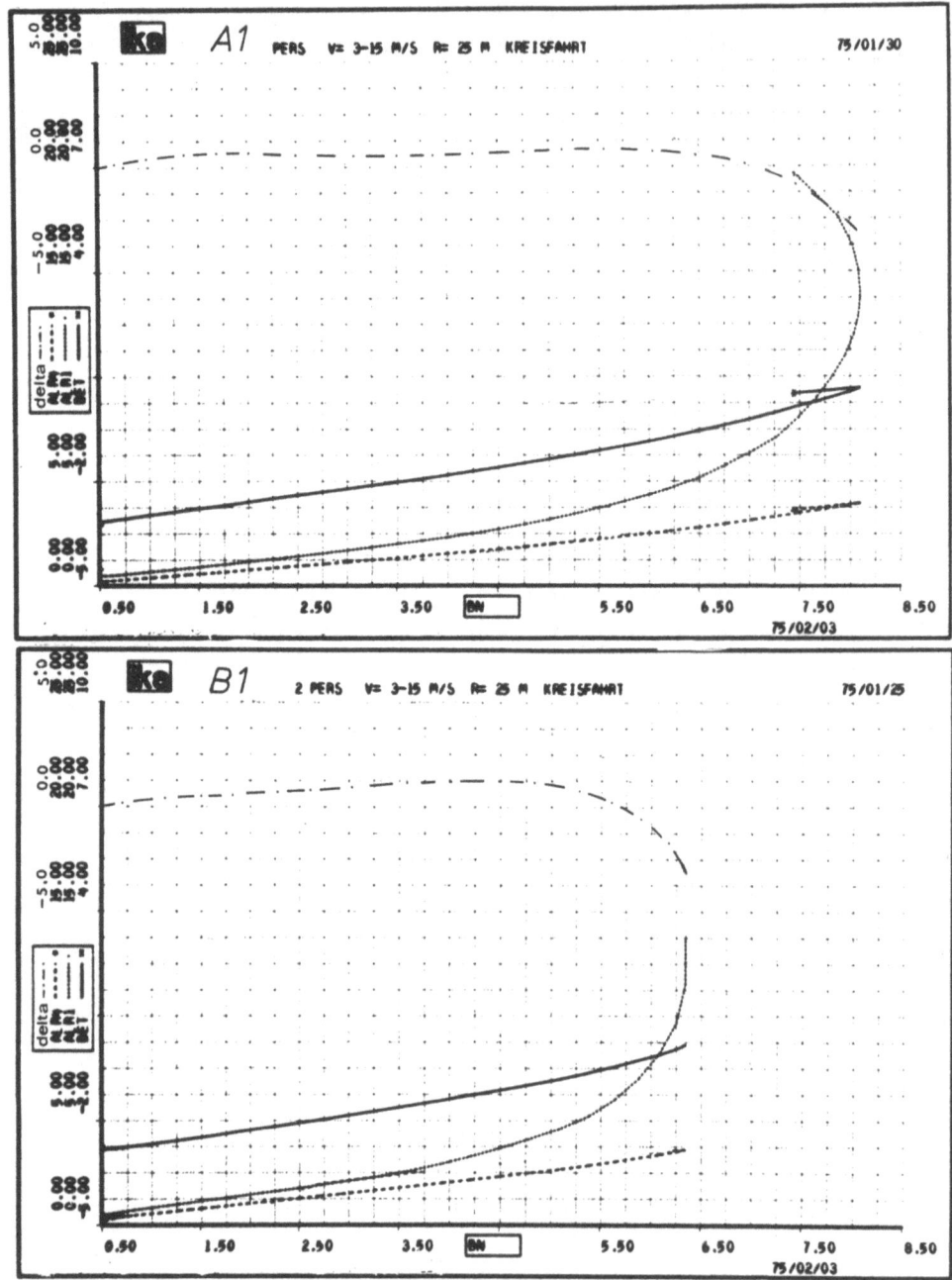

Bahnnormalbeschleunigung BN (m/s²)

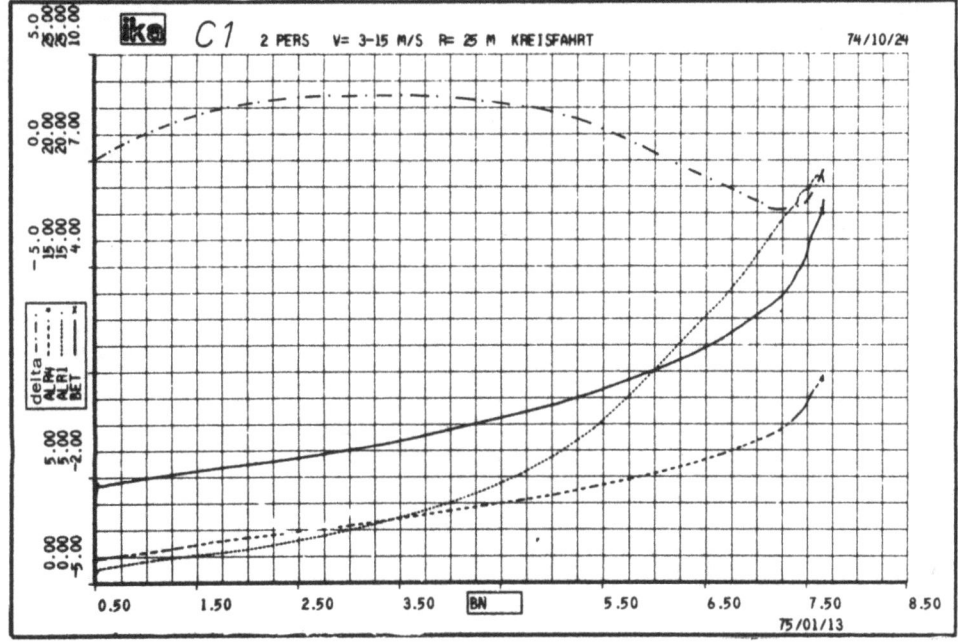

Bahnnormalbeschleunigung BN (m/s²)

Abb. 7: Schräglauf- und Schwimmwinkelverlauf bei stationärer Kreisfahrt, V = 3-15 m/s, R = 25 m

Übersteuercharakteristik	delta	(Grad)	-.-.-
Schräglaufwinkel vorn, links	ALR1	(Grad)	.....
Schräglaufwinkel hinten, links	ALR4	(Grad)	-----
Schwimmwinkel	BET	(Grad)	———

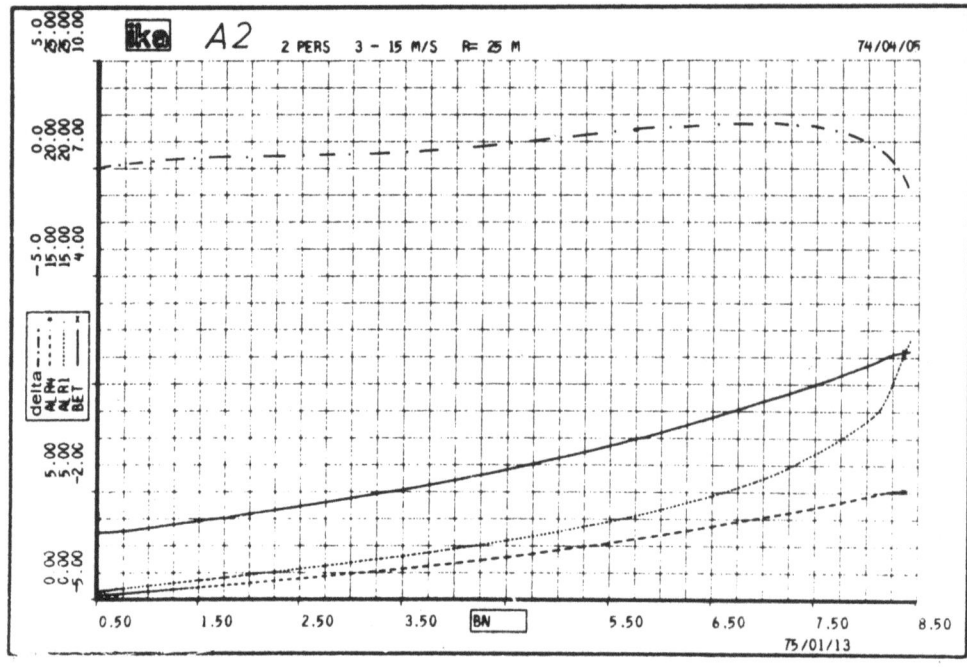

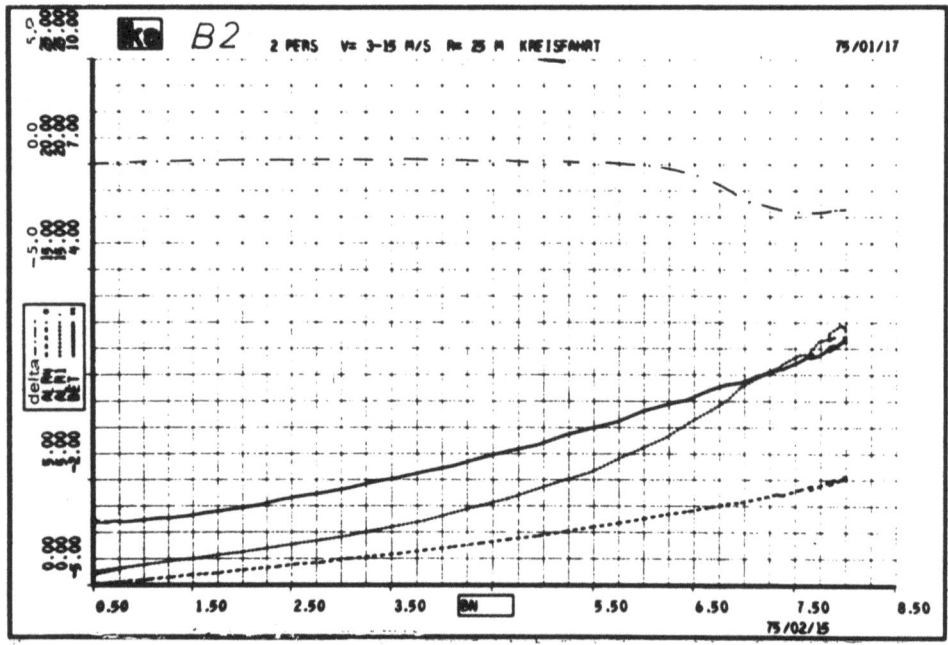

Bahnnormalbeschleunigung BN (m/s²)

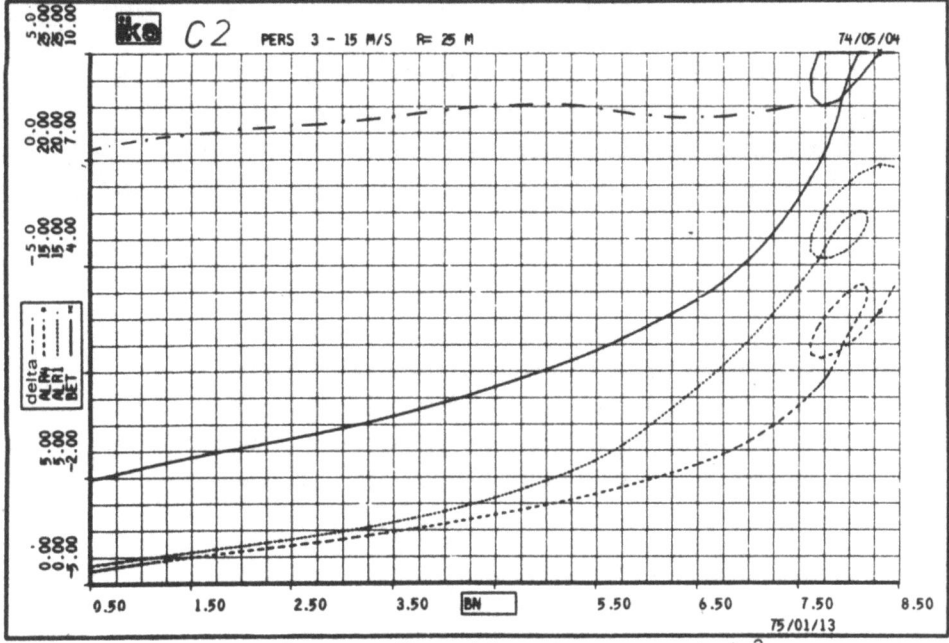

Bahnnormalbeschleunigung BN (m/s²)

Abb. 8: Schräglauf- und Schwimmwinkelverlauf bei stationärer Kreisfahrt, V = 3-15 m/s, R = 25 m

Übersteuercharakteristik	delta (Grad)	-.-.-
Schräglaufwinkel vorn, links	ALR1 (Grad)	.....
Schräglaufwinkel hinten, links	ALR4 (Grad)	-----
Schwimmwinkel	BET (Grad)	———

charakteristik ist als die Differenz zwischen dem zum Ausgleich des Lenkverhaltens notwendigen Lenkwinkel und dem Schwimmwinkel beschrieben. Die Charakterisierung der Fahrzeuge mit Hilfe der Kenngröße DELTA steht jedoch im Widerspruch zu den bisher abgeleiteten Aussagen, da diese Definition alle Testfahrzeuge bei niedrigen und mittleren Querbeschleunigungen als übersteuernd (DELTA $> 0^0$) kennzeichnet.

Deutliche Unterschiede im Lenkverhalten ergeben sich nur für die Heckmotorfahrzeuge C 1, C 2, die eine relativ höhere Übersteuercharakteristik aufweisen. Insgesamt erscheinen die mit dieser Definition gewonnenen Ergebnisse wenig aussagekräftig, da u. a. eine Voraussetzung des Verfahrens - geringe Differenz zwischen Schräglaufwinkel der Hinterräder und Schwimmwinkel - nicht eingehalten wird.

7.2 Instationärer Fahrtverlauf

Die Anregung des Systems Fahrzeug durch eine sprungförmige Lenkradwinkeländerung entspricht dem Fahrmanöver der Einfahrt in einen Kreis. Die Lenkradbewegung kann im Fahrversuch durch eine Lenkmaschine (definierte Lenkgeschwindigkeit) oder durch ein manuelles Verreißen des Lenkrades gegen einen Anschlag erzeugt werden, so daß die open-loop-Bedingung eingehalten ist.

In Abb. 9 ist der Verlauf des Lenkradwinkels und die berechnete Fahrzeugbewegung am Beispiel des Fahrzeugs A 1 angegeben. Der hier nicht belegte Vergleich zwischen den Bewegungen der verschiedenen Fahrzeuge erbrachte die in den Versuchsbedingungen geforderte Übereinstimmung in den Kreisradien, die sich nach dem Abklingen der durch die Störung verursachten Schwingung einstellen.

Für die Auswertung dieses Fahrmanövers werden in der Literatur mehrere Verfahren angegeben. Das ursprüngliche Auswertungsverfahren beruht auf einer Beurteilung des zeitlichen Verlaufs der bezogenen Gierwinkelgeschwindigkeit, die sich aus der Division des aktuellen Wertes mit dem stationären Endwert ergibt. Die von der amerikanischen Sicherheitsbehörde NHTSA in den Ausschreibungen für das ESV festgelegten Richtlinien verlangen, daß Grenzkurven für die bezogene Gierwinkelgeschwindigkeit eingehalten werden. In Abb. 10 sind die Grenzkurven einge-

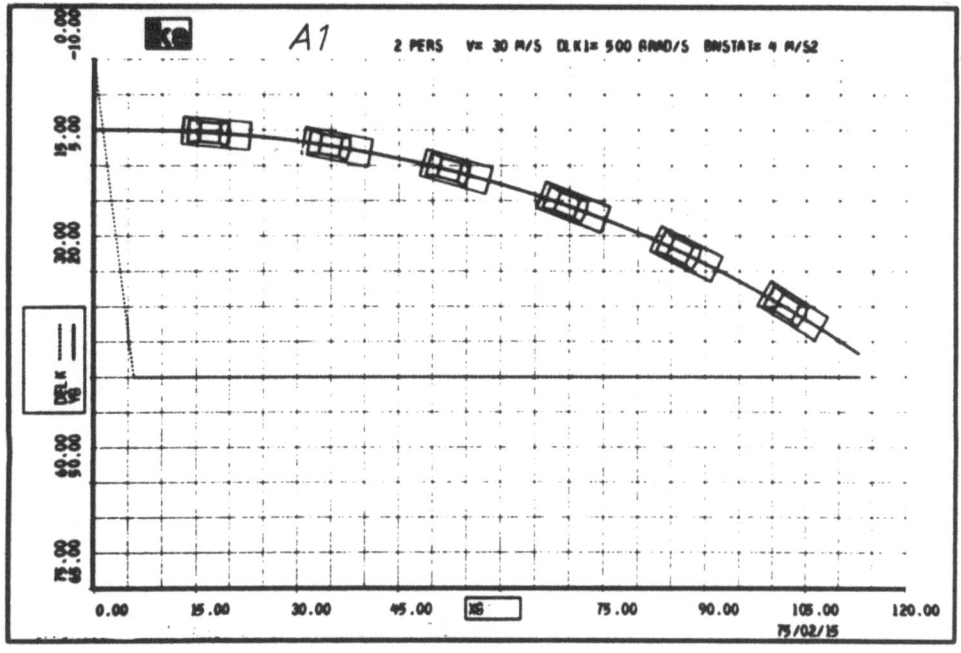

X-Koordinate des Schwerpunkts XG (m)

Abb. 9: Darstellung der Fahrzeugbewegung in der
X-Y-Ebene
Sprungfunktion des Lenkradwinkels

Lenkradwinkel   DELK (Grad) . . . . .
Y-Koordinate des Schwerpunktes YG (m) ———

zeichnet, von denen die obere Grenze bei einer Geschwindigkeit
von 31 m/s (70 mph) nicht überschritten und die untere Grenze
bei einer Geschwindigkeit von 11 m/s (25 mph) nicht unterschritten werden sollen. Mit der Definition der Grenzbedingung wird
die Sprungantwort der Regelstrecke Fahrzeug in der Amplitude
und in der zeitlichen Aussage vorgeschrieben.

Die Testfahrzeuge zeigen in dieser Form der Bewertung ein deutlich differenzierbares Verhalten. Die Überschwingweite weist
für beide Fahrzeugklassen übereinstimmend die größten Werte
bei den Fahrzeugen mit Heckantriebssatz C 1, C 2 auf, während
die frontangetriebenen Fahrzeuge A 1, A 2 nur in geringem Maße
überschwingen und damit im Sinne der Fahrstabilität stärker gedämpft sind. Auch in der Ansprechzeit $T_{\dot{\psi}}$, die als die zeitliche
Differenz zwischen dem Einleiten der Störung und dem Erreichen

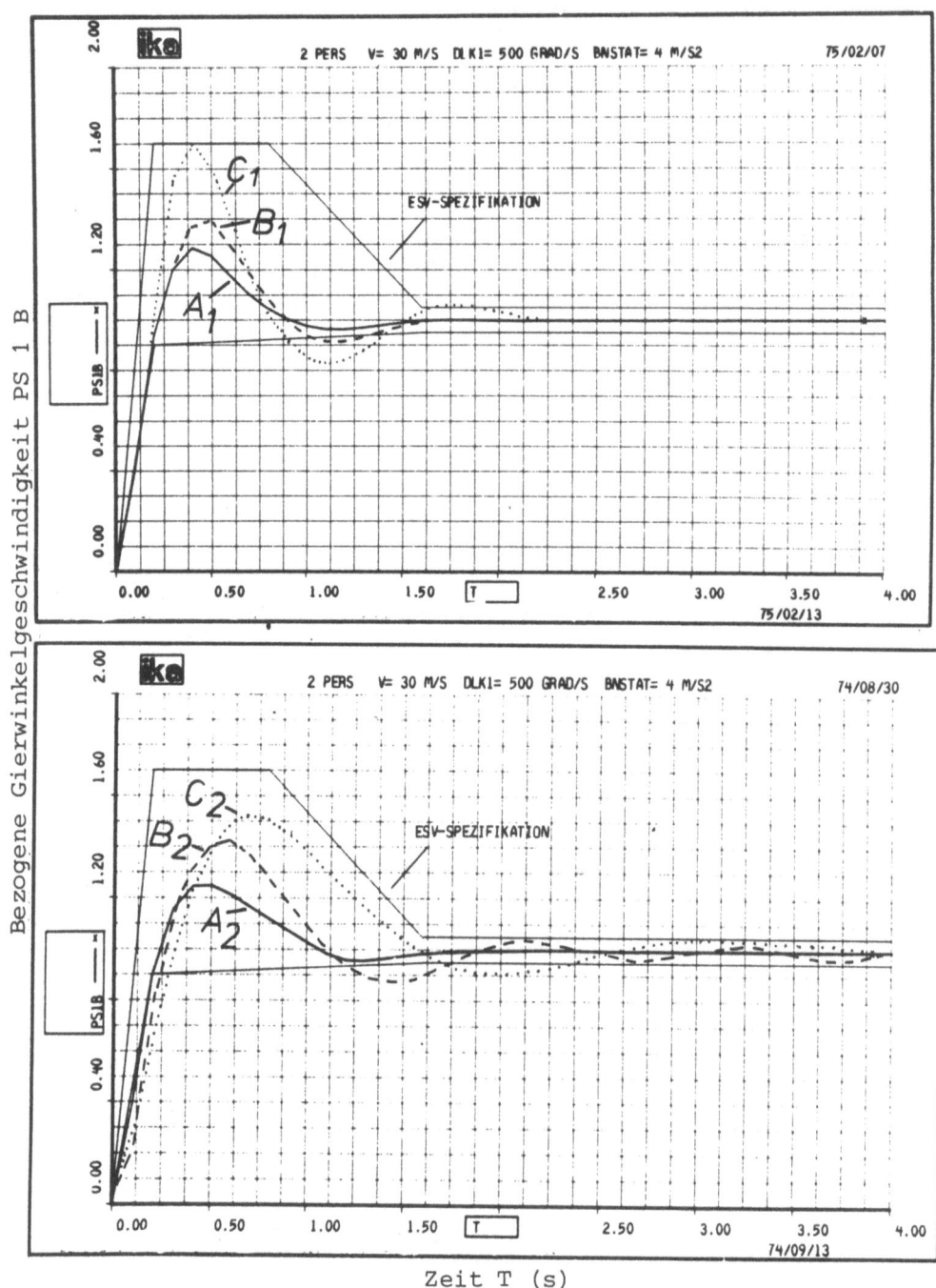

Abb. 10: Auf den stationären Endwert bezogene Gierwinkelgeschwindigkeit bei sprungförmiger Erregung durch das Lenkrad

des ersten Schwingungsmaximums der Antwortschwingung zu verstehen ist, ergeben sich für die Fahrzeugstrukturen A, B, C unterschiedliche Werte. Dem Beispiel der Mittelklasse-PKW ist die geringe Ansprechzeit des frontangetriebenen Fahrzeugs A 2 zu entnehmen, das damit schneller als die beiden übrigen Fahrzeuge auf eine Lenkbewegung reagiert.

Im Vergleich der beiden Fahrzeugklassen zeigen die leichteren Fahrzeuge eine insgesamt schnellere Reaktion auf die Lenkwinkeländerung und ein schnelleres Abklingen der Antwortschwingung, was auf die geringeren Massen und Massenträgheitsmomente dieser Fahrzeuge zurückzuführen ist.

Die vorgegebene Grenzbedingung der ESV-Spezifikation wird von allen Fahrzeugen eingehalten.

Aus den zuvor schon einmal angesprochenen Simulator-Versuchen (9), in denen mit dem Arbeitsmittel des dynamischen Fahrsimulators realistische Fahrmanöver vollzogen wurden, geht hervor, daß auch diejenigen Fahrzeuge, die in ihrer Gierreaktion innerhalb der ESV-Grenzen lagen, in den subjektiven Urteilen der Fahrer unterschiedlich bewertet wurden. In Grenzfällen ermöglichten Fahrzeuge, die außerhalb des als zulässig angegebenen Bereiches lagen, Fahrten mit geringer Fehlerquote und guter subjektiver Bewertung. Die Ursache dafür liegt in der Eingrenzung der Überschwingweite, die nur eine geringe Korrelation mit dem Fahrerurteil und der Fehlerquote erkennen ließ.

Hohe Korrelationskoeffizienten wurden jedoch bei der Berücksichtigung der zeitlichen Aussage, des Reaktionsverhaltens, gefunden, was in Verbindung mit der ebenfalls korrelierenden Größe des stationären Schwimmwinkels β_{stat} zur Bildung einer Fahrzeugkenngröße $T_{\dot{\psi}} \cdot \beta_{stat}$ führte. In Abb. 11 sind diese und einige ähnliche Fahrzeugkenngrößen für die Beispielfahrzeuge zusammengestellt.

In Übereinstimmung mit den aus dem stationären Fahrmanöver gewonnenen Ergebnissen weist die Kenngröße $T_{\dot{\psi}} \cdot \beta_{stat}$ und die damit vergleichbare Größe $T_{\beta} \cdot \beta_{stat}$ das Fahrverhalten der frontangetriebenen Fahrzeuge als das günstigste aus.

		A 1	B 1	C 1	A 2	B 2	C 2
Fahrzeugkenngrößen	$T_{\dot{\psi}}$ [s]	0,43	0,45	0,4	0,45	0,57	0,72
	T_{β} [s]	0,82	0,85	0,72	0,95	1,01	1,32
	β_{stat} [Grad]	1,355	1,763	1,686	1,457	1,937	2,92
	$T_{\dot{\psi}} \cdot \beta_{stat}$	0,582	0,793	0,674	0,655	1,104	2,102
	$T_{\beta} \cdot \beta_{stat}$	1,11	1,499	1,213	1,384	1,937	2,775
	$T_{\dot{\gamma}}$ [s]	0,77	0,75	0,67	0,9	0,95	1,25

Testfahrzeuge

Abb. 11: Von dem Fahrmanöver der Einfahrt in einen Kreis abgeleitete Fahrzeugkenngrößen

Der Vergleich der beiden Fahrzeugklassen, Mittelklasse und untere Mittelklasse, ergibt Vorteile für die leichten Fahrzeuge. Das bedeutet, daß aufgrund der Aussage dieser Kenngröße, die unabhängig von den konstruktiven Gestaltungsmöglichkeiten und nur von den für die Fahrzeugführung relevanten Eigenschaften des Menschen abgeleitet wurde, leichte Fahrzeuge besser an das Regelverhalten des Fahrers angepaßt sind als schwerere Fahrzeuge mit entsprechend höheren Trägheitsmomenten um die Hochachse.

In einer Diskussion der aus Simulatorversuchen gewonnenen Fahrzeugkenngrößen leitet Niemann (6) anhand eines Einspurmodells einen Zusammenhang zwischen der vorgeschlagenen Kenngröße $T_{\dot{\psi}} \cdot \beta_{stat}$ und dem Phasennachlauf der Kurswinkeländerung gegenüber Lenkeinschlägen $T_{\dot{\gamma}}$ her.

Statt einer Beurteilung der Fahrdynamik durch eine Kombination eines als dynamisch wichtig erkennbaren Parameters mit einem solchen, der für die stationären Eigenschaften von Bedeutung ist, wird die Bewertung der Sprungantwort der Kurswinkeländerung $\dot{\gamma}$ auf den Lenkradeinschlag vorgeschlagen.

In Abb. 12 ist dieser Vorschlag aufgegriffen und die bezogene
Kurswinkelgeschwindigkeit über der Zeit aufgetragen. Die Überschwingweite der Kurswinkeländerung ist für alle Fahrzeuge geringer als die der zuvor in Abb. 10 dargestellten Gierwinkeländerung, wenn sich auch in der Tendenz bezüglich der ersten
Schwingungsamplitude eine vergleichbare Bewertung ergibt.

Die Aussage der von der Kurswinkeländerung abgeleiteten
Kenngröße $T_{\dot{\psi}}^*$ erbringt jedoch keine Übereinstimmung mit der
durch die Kenngröße $T_{\dot{\psi}} \cdot \beta_{stat}$ erbrachten Bewertung. Als
das günstigste Fahrverhalten würde bei Berücksichtigung
der Kurswinkeländerung in der leichten Klasse das des Fahrzeugs mit Heckantriebssatz C 1 bezeichnet, während sich in
der schwereren Klasse die umgekehrte Reihenfolge in der Beurteilung ergibt (A 2 = gut, C 2 = ungünstig). Der an einem
einfachen Fahrzeugmodell hergeleitete Zusammenhang hat somit
nur eine eingeschränkte Bedeutung für das komplexe Geschehen
bei realen Fahrzeugen, wie aus der Bearbeitung des Problems
mit einem realistischen nichtlinearen Fahrzeugmodell hervorgeht.

Der zeitliche Verlauf der Querbeschleunigung, des Schwimmwinkels und der Schwimmwinkelgeschwindigkeit ist in den
Diagrammen der Abb. 13 und 14 angegeben.

Hier wird der günstige Schwimmwinkel-Verlauf der frontangetriebenen Fahrzeuge und des Fahrzeugs mit Standardbauweise
B 1 deutlich, deren Sprungantwort nur ein geringes Überschwingen aufweist. Die Schwimmwinkeländerung, die bei niederfrequenten Störungen die Zuordnung zwischen Lenkradstellung
und Fahrzeugreaktion erschwert, zeigt den günstigsten Verlauf
bei den Fahrzeugen A 1, A 2 und den ungünstigsten bei den
Heckmotor-Fahrzeugen.

Die Analyse des Zeitverhaltens der Querbeschleunigung bestätigt die bei der Diskussion der Gierreaktion festgestellten Tendenzen.

Wie die an den Fahrzeugen beobachteten Charakteristika
mit Hilfe der Simulation auf Wirkungsmechanismen und Ursachen zurückgeführt werden können, sei am Beispiel der
Lenkwinkelverläufe der Vorderräder (Abb. 15 und 16) gezeigt.

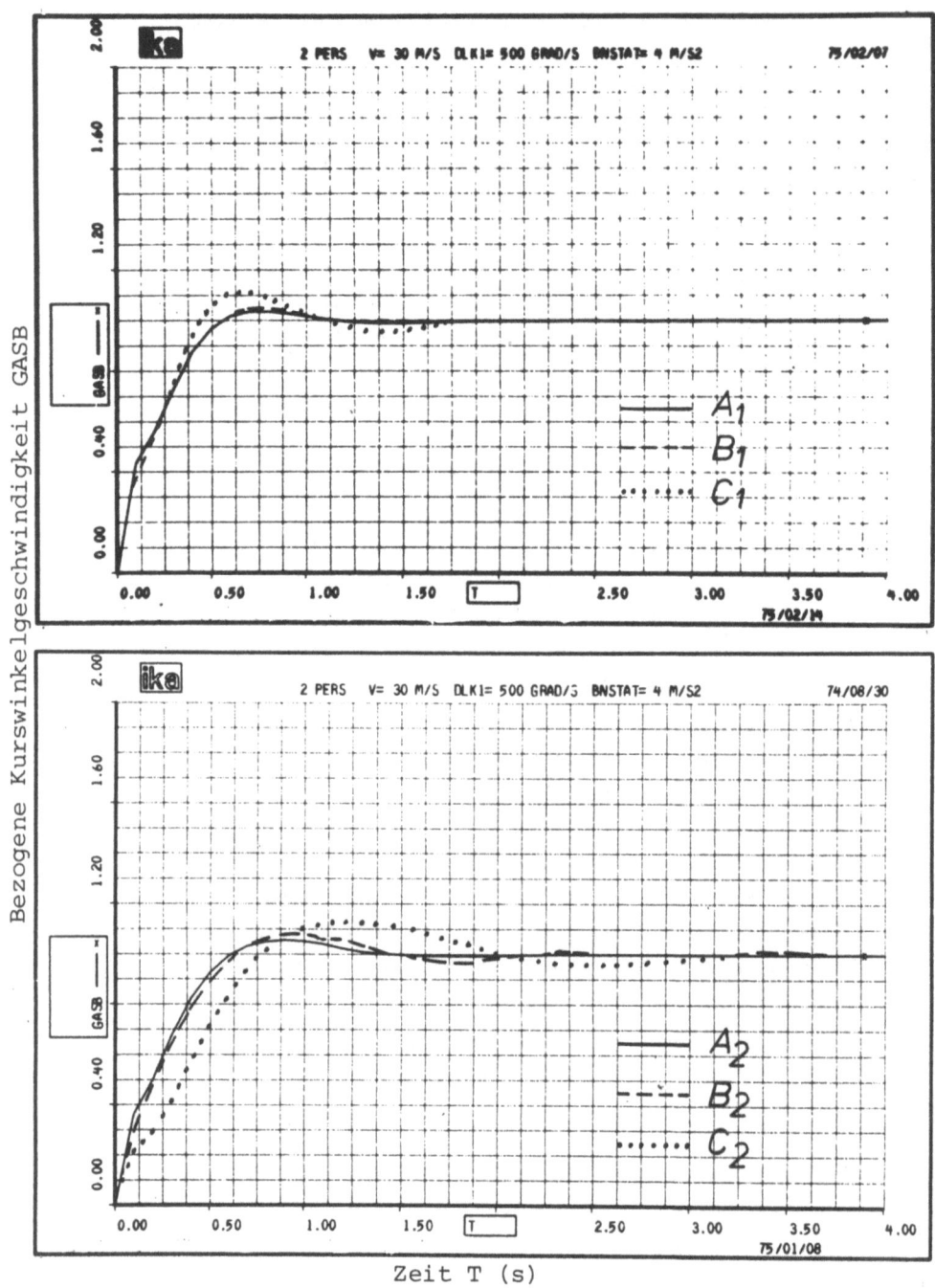

Abb. 12: Auf den stationären Endwert bezogene Kurswinkelgeschwindigkeit bei sprungförmiger Erregung durch das Lenkrad

Die nahezu sprungförmige Lenkradwinkeländerung wird in einen korrespondierenden Lenkwinkel an den Rädern übersetzt, der im wesentlichen von der konstruktiven Gestaltung des Lenksystems und der Radaufhängungsbauteile abhängt. So ergeben sich z. B. unter dem Einfluß der auf die Räder wirkenden Kräfte und Momente für das Fahrzeug B 2 Schwingungen im Lenksystem, die innerhalb des Beobachtungszeitraums nicht vollständig abklingen. Diese Tatsache kann auf die bei diesem Fahrzeug vorhandene Servo-Lenkung zurückzuführen sein, die in ihrer Kraftübertragung eine geringere Steifigkeit als mechanische Lenkgetriebe besitzt.

Die günstige Reaktion der frontangetriebenen Fahrzeuge auf den Lenkwinkelsprung - schnelles Abklingen der angeregten Schwingung - ist auch eine Folge des relativ steifen Lenksystems, da nur geringe Relativbewegungen zwischen Lenkrad und gelenktem Rad zugelassen werden. Im Gegensatz dazu stehen die bei den Heckmotor-Fahrzeugen C 1 und C 2 auftretenden Lenkschwingungen, die sich in gleicher Frequenz im Schwimmwinkelverlauf feststellen lassen.

Die Diagramme der Abbildungen 17 und 18 beziehen sich auf Wedelversuche, die mit dem oben beschriebenen, theoretischen Ersatzmodell für die sechs untersuchten Fahrzeuge simuliert wurden. Dabei wird das System Fahrzeug durch einen exakt sinusförmigen Lenkradwinkel bestimmter Amplitude erregt. Der Frequenzbereich, für den diese Untersuchungen angestellt wurden, lag zwischen 0,2 und 1,2 Hz. Dieser Bereich kann als besonders relevant angesehen werden, da auch in der Fahrpraxis Lenkradbewegungen solcher Frequenzlage auftreten können.

Durch den sinusförmigen Verlauf des Lenkradwinkels wird das Fahrzeug zu Gierschwingungen angeregt. Um die Ergebnisse der Simulation untereinander vergleichbar zu machen, wurde bei dieser Untersuchung die Ausgangsgröße nicht auf den Lenkradwinkel, sondern auf den Referenzlenkwinkel (reference steer angle) bezogen. Der Einfluß der unterschiedlichen Lenkübersetzungsverhältnisse wird also eliminiert. Als Ausgangsgröße des betrachteten Systems wurde, in Anlehnung an andere Arbeiten (14, 15, 16) die Gierwinkelgeschwindig-

keit gewählt. Sie stellt eine optische Information des
Fahrers dar, die wesentlich in die Beurteilung von realen
Fahrzeugen durch Versuchspersonen eingeht (15). Für die Er-
regungsgröße ergibt sich dann:

$$\delta^*_{LK} = \Delta^*_{LK} \sin \omega t$$
$$= \frac{\Delta_{LK}}{i_{LK}} \sin \omega t \; ;$$

wobei Δ_{LK} die Amplitude der Lenkradbewegung, i_{LK} das
Lenkübersetzungsverhältnis und ω die Kreisfrequenz der
Gierbewegung ist. Bei der Simulation der Wedelversuche
war Δ_{LK} stets 20°. Der untersuchte Frequenzbereich lag
zwischen $\omega/2\pi = 0{,}2$ Hz und $\omega/2\pi = 1{,}2$ Hz.

Für die Ausgangsgröße ergibt sich dann in erster Näherung:

$$\dot{\psi} = \hat{\dot{\psi}} \sin(\omega t + \mu_{\dot{\psi}}).$$

Hierbei ist $\hat{\dot{\psi}}$ die Amplitude der Gierwinkelgeschwindigkeit
und $\mu_{\dot{\psi}}$ der Phasenverschiebungswinkel zwischen δ^*_{LK} und $\dot{\psi}$.
Die zu ermittelnden Größen sind demnach:

$$\text{AVER} = \frac{\hat{\dot{\psi}}}{\Delta^*_{LK}} = \frac{\hat{\dot{\psi}} \cdot i_{LK}}{\Delta_{LK}}$$

und

$$\text{MYE} = \mu_{\dot{\psi}} \; ,$$

welche in den Diagrammen von Abb. 17 bzw. 18 aufgetragen
sind.

Aus ihnen ergeben sich für die beiden Frontantriebsfahr-
zeuge A 1 und A 2 ein über dem gesamten Frequenzbereich
nahezu konstantes Amplitudenverhältnis. Ähnliche Amplituden-
kurven weisen die Fahrzeuge C 1 und B 2 auf, wobei hier jedoch
die größten Amplitudenüberhöhungen bei etwas höheren Frequenzen auftreten. Das Fahrverhalten dieser vier Fahrzeuge
kann unter dem Aspekt der Gierdämpfung als gut eingestuft
werden. Im Gegensatz hierzu hat das Fahrzeug B 1 im Vergleich mit den anderen der gleichen Klasse eine sehr geringe
Dämpfung. Verlängert man die Amplitudenkurve bis nach

$\omega/2\pi = 0$ Hz, so läßt sich ablesen, daß die erreichbare Gierwinkelgeschwindigkeit bei stationärer Kreisfahrt etwa doppelt so hoch liegen müßte als bei den Fahrzeugen A 1 und C 1.

Eine von den anderen beiden Fahrzeugen seiner Klasse abweichende Charakteristik der Amplitudenkurve weist auch das Fahrzeug C 2 auf. Es zeigt sich, daß die Gierschwingungen ab einer Lenkradwinkel-Frequenz von 0,6 Hertz relativ stark gedämpft werden. Dieses Fahrverhalten, das für ein heckangetriebenes Fahrzeug ziemlich atypisch sein dürfte, kann unter dem Aspekt der Fahrstabilität nicht als ungünstig bezeichnet werden. Eine ausgeprägte Eigenresonanzstelle trat bei sämtlichen untersuchten Fahrzeugen im betrachteten Frequenzbereich nicht auf.

Sowohl in der unteren als auch in der gehobenen Mittelklasse zeigen die Fahrzeuge mit Frontantrieb (A 1 und A 2) die geringsten Phasenverschiebungswinkel. In Grenzsituationen ist ein Fahrzeug um so leichter beherrschbar, je geringer die Nacheilung der Gierwinkelgeschwindigkeit gegenüber dem Lenkradwinkel, d. h. je direkter der Bezug zwischen Ausgangs- und Stellgröße für den Fahrer ist. Ein relativ ungünstiges Fahrverhalten weist auch in diesem Zusammenhang das Fahrzeug B 1 auf. Das Verhalten der Fahrzeuge C 1 und B 2 kann im Vergleich zu den anderen beiden der jeweils gleichen Klasse als durchschnittlich bezeichnet werden. Es fällt auf, daß das heckangetriebene Fahrzeug der unteren Mittelklasse bei hohen Frequenzen sogar noch einen größeren Phasenverschiebungswinkel aufweist als das hinsichtlich der Trägheit als nicht besonders gut eingestufte Fahrzeug B 1. Daß diese Erscheinung durch das Antriebskonzept bedingt sein muß, zeigt sich in extremer Weise bei Fahrzeug C 2. Die allgemein etwas größeren Phasenverschiebungswinkel in der Mittelklasse können durch die höheren Trägheitsmomente dieser Fahrzeuge erklärt werden.

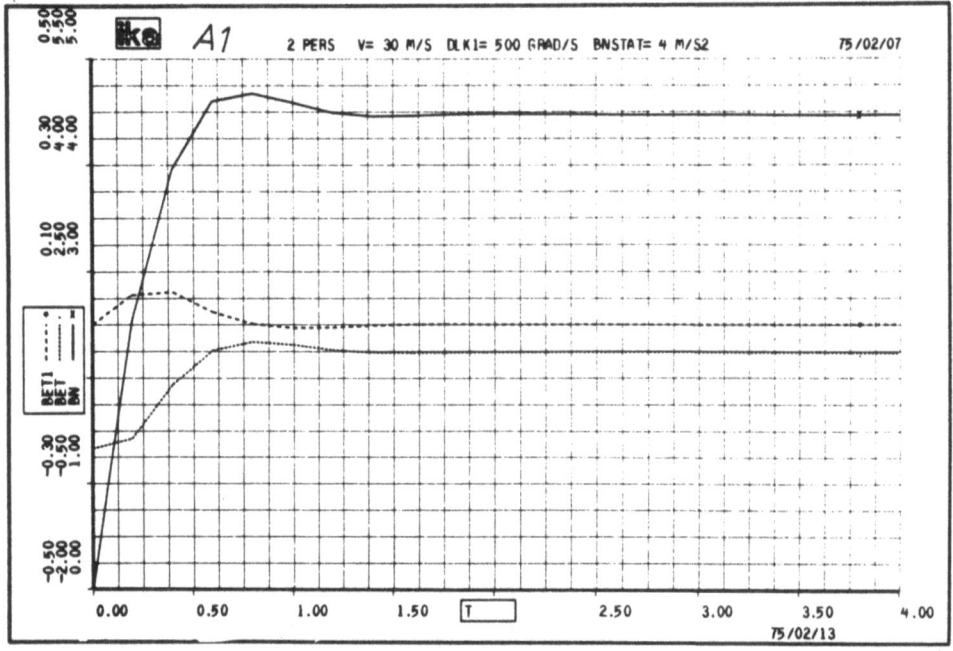
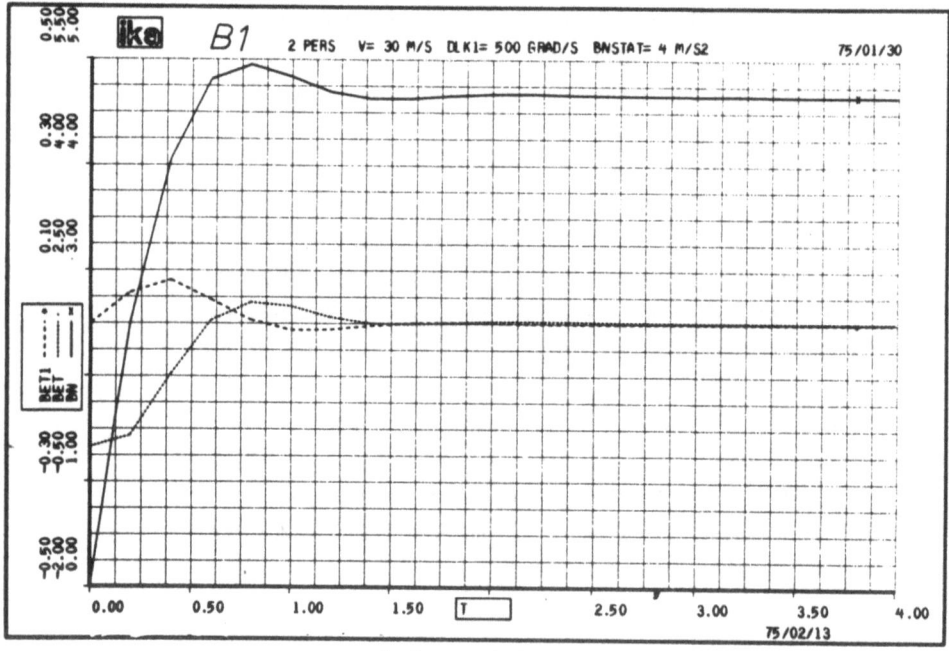

Zeit T (s)

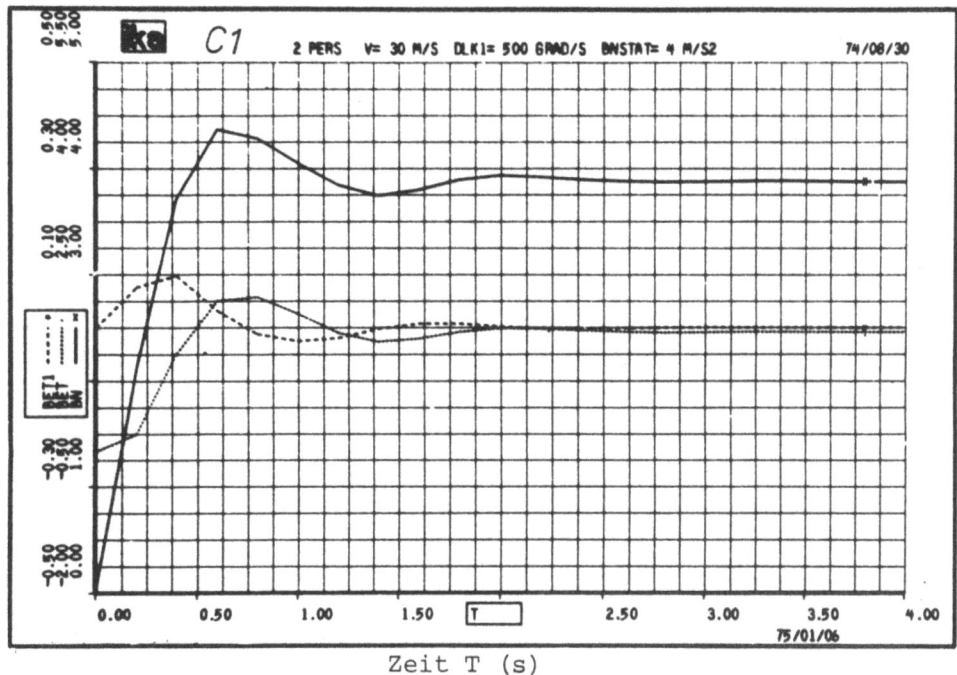

Zeit T (s)

Abb. 13: Verlauf der Bahnnormalbeschleunigung, des Schwimmwinkels und der Schwimmwinkelgeschwindigkeit bei sprungförmiger Erregung durch das Lenkrad

Schwimmwinkelgeschwindigkeit	BET 1	(rad/s)	-----
Schwimmwinkel	BET	(Grad)	.....
Bahnnormalbeschleunigung	BN	(m/s^2)	———

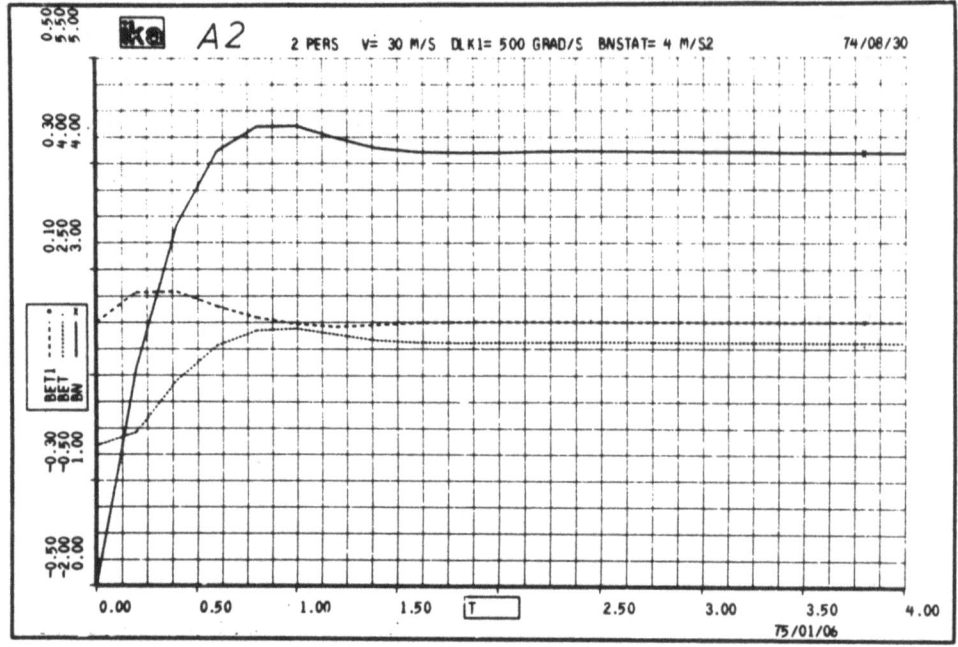
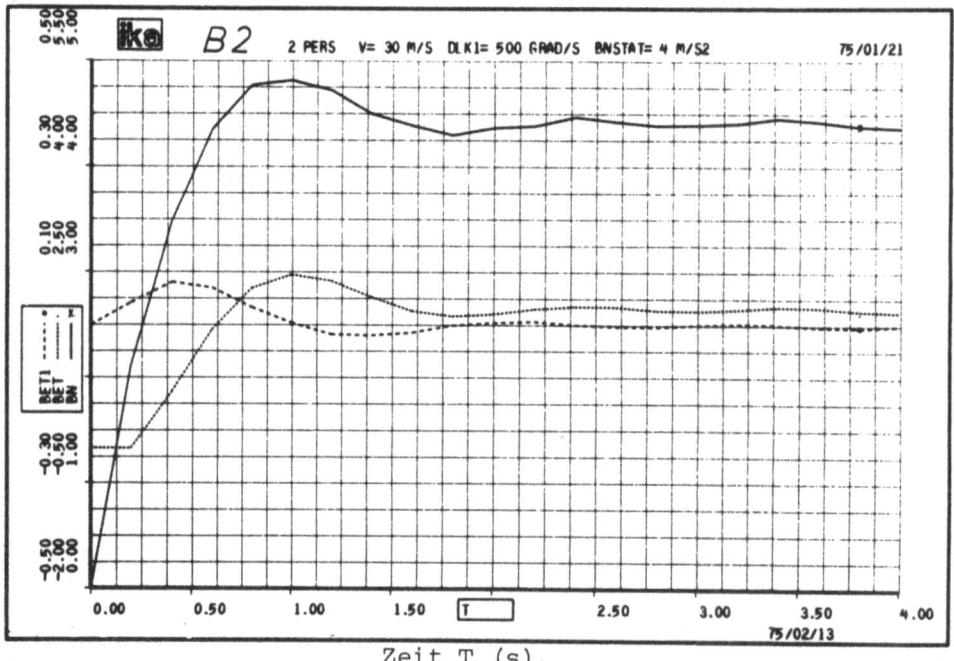

Zeit T (s)

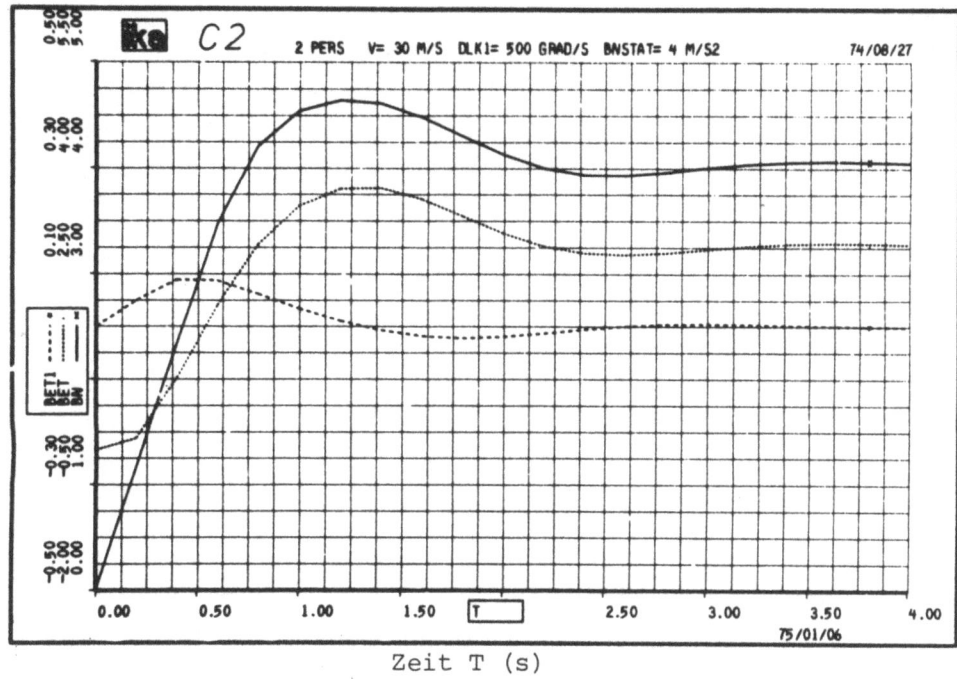

Abb. 14: Verlauf der Bahnnormalbeschleunigung, des Schwimmwinkels und der Schwimmwinkelgeschwindigkeit bei sprungförmiger Erregung durch das Lenkrad

```
Schwimmwinkelgeschwindigkeit  BET 1  (rad/s)  -----
Schwimmwinkel                 BET    (Grad)   .....
Bahnnormalbeschleunigung      BN     (m/s²)   ─────
```

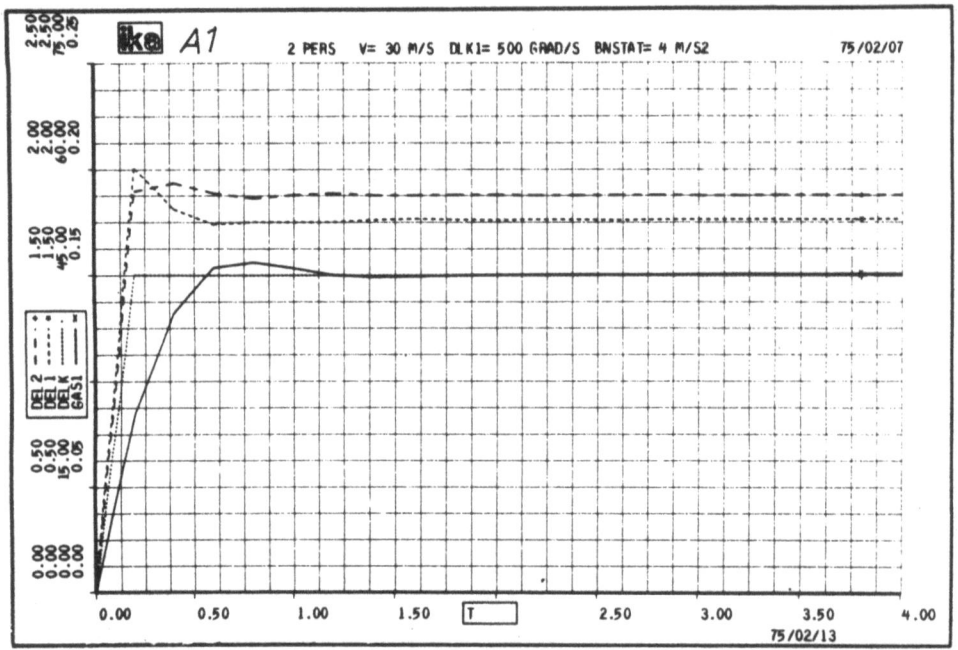
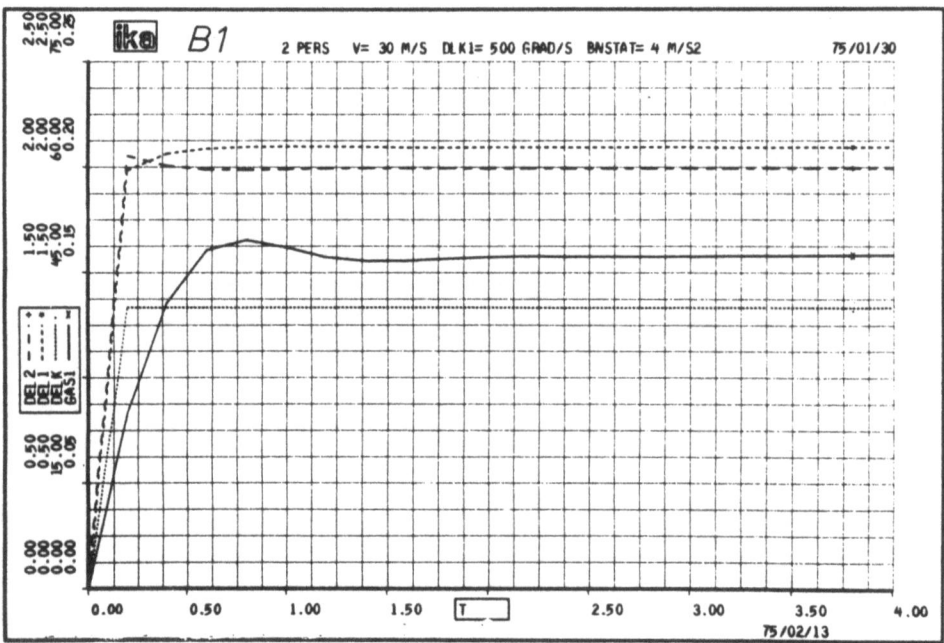

Zeit T (s)

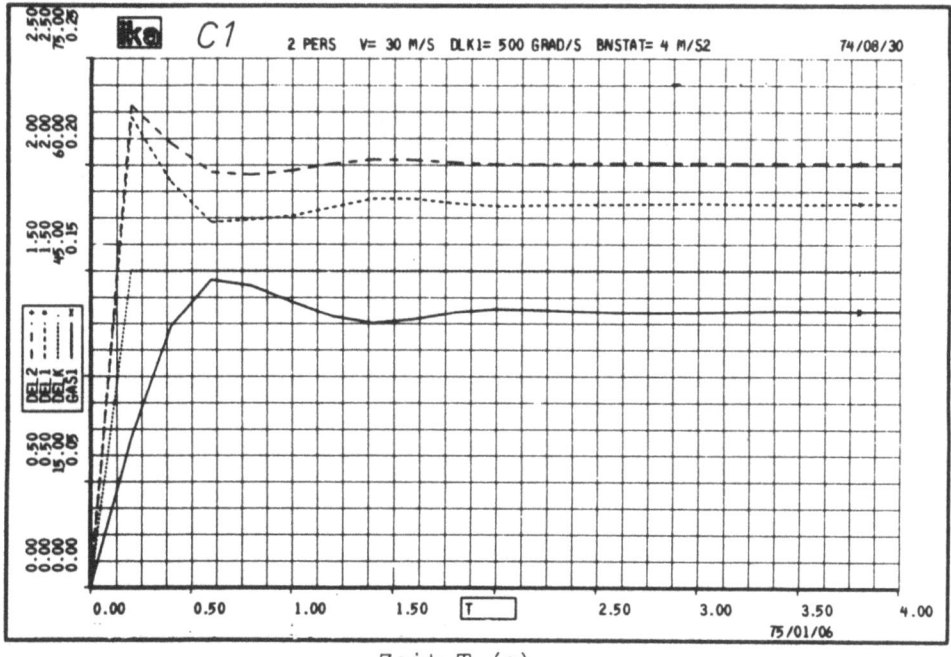

Abb. 15: Verlauf der Kurswinkelgeschwindigkeit, des Lenkradwinkels und der Lenkwinkel vorne bei sprungförmiger Erregung durch das Lenkrad

Lenkwinkel vorne rechts	DEL 2	(Grad) — — —
Lenkwinkel vorne links	DEL 1	(Grad) --------
Lenkradwinkel	DELK	(Grad) ....
Kurswinkelgeschwindigkeit	GAS 1	(rad/s) ————

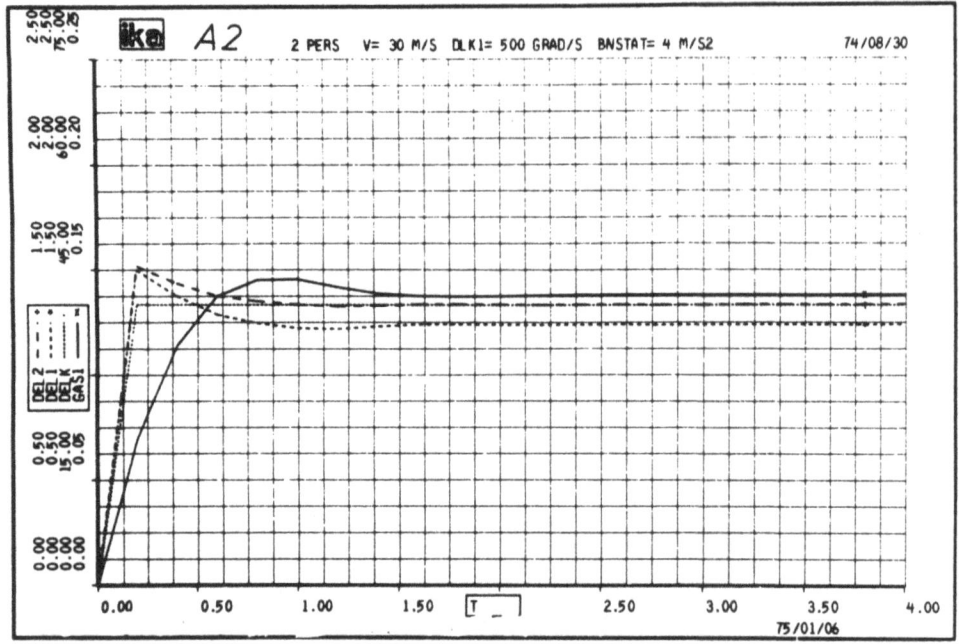
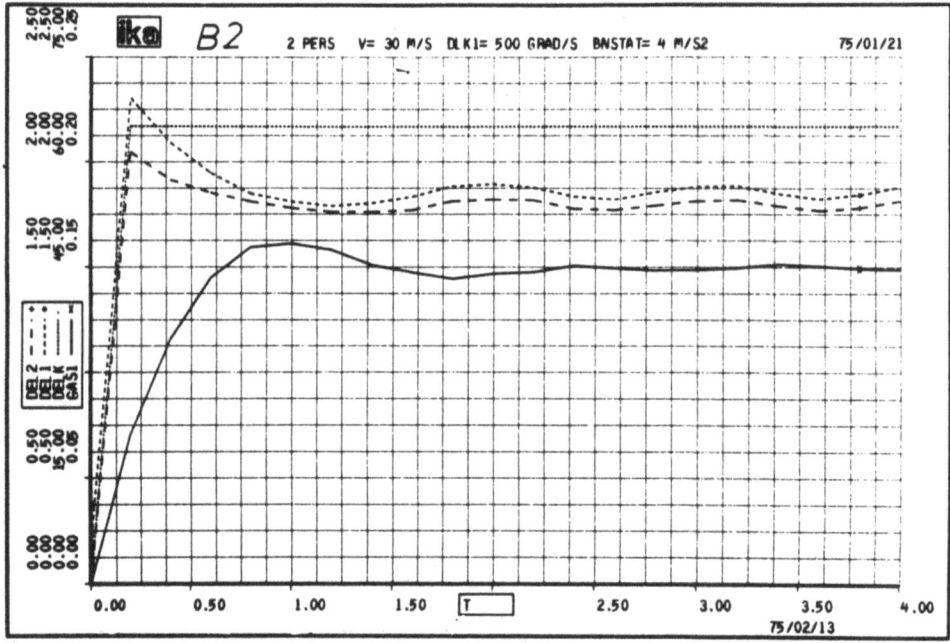

Zeit T (s)

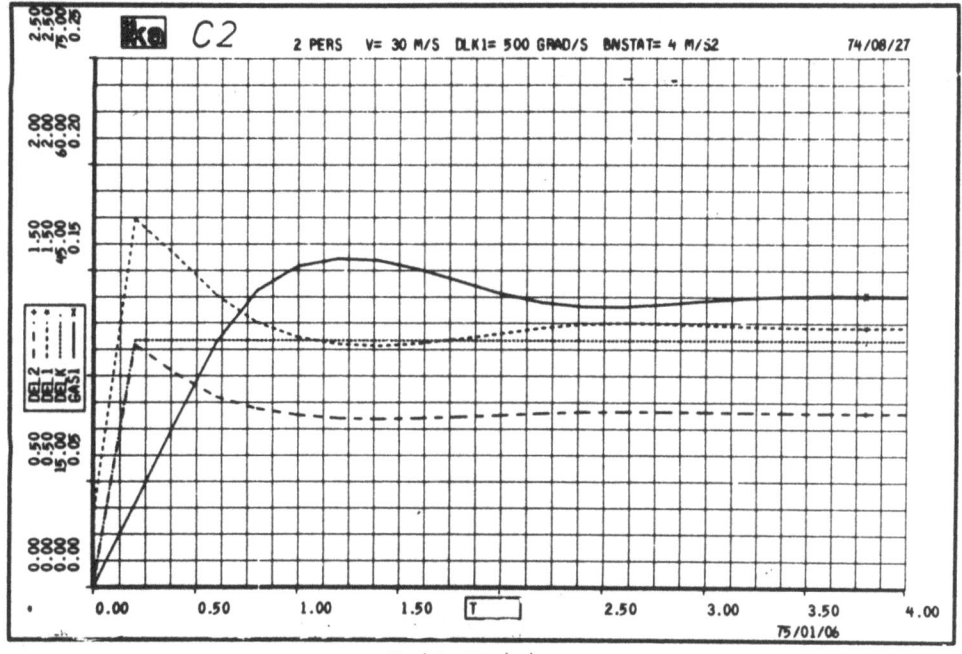

Abb. 16: Verlauf der Kurswinkelgeschwindigkeit, des Lenkradwinkels und der Lenkwinkel vorne bei sprungförmiger Erregung durch das Lenkrad

        Lenkwinkel vorne rechts   DEL 2 (Grad) — — —
        Lenkwinkel vorne links   DEL 1 (Grad) --------
        Lenkradwinkel   DELK   (Grad) ....
        Kurswinkelgeschwindigkeit GAS 1 (rad/s)————

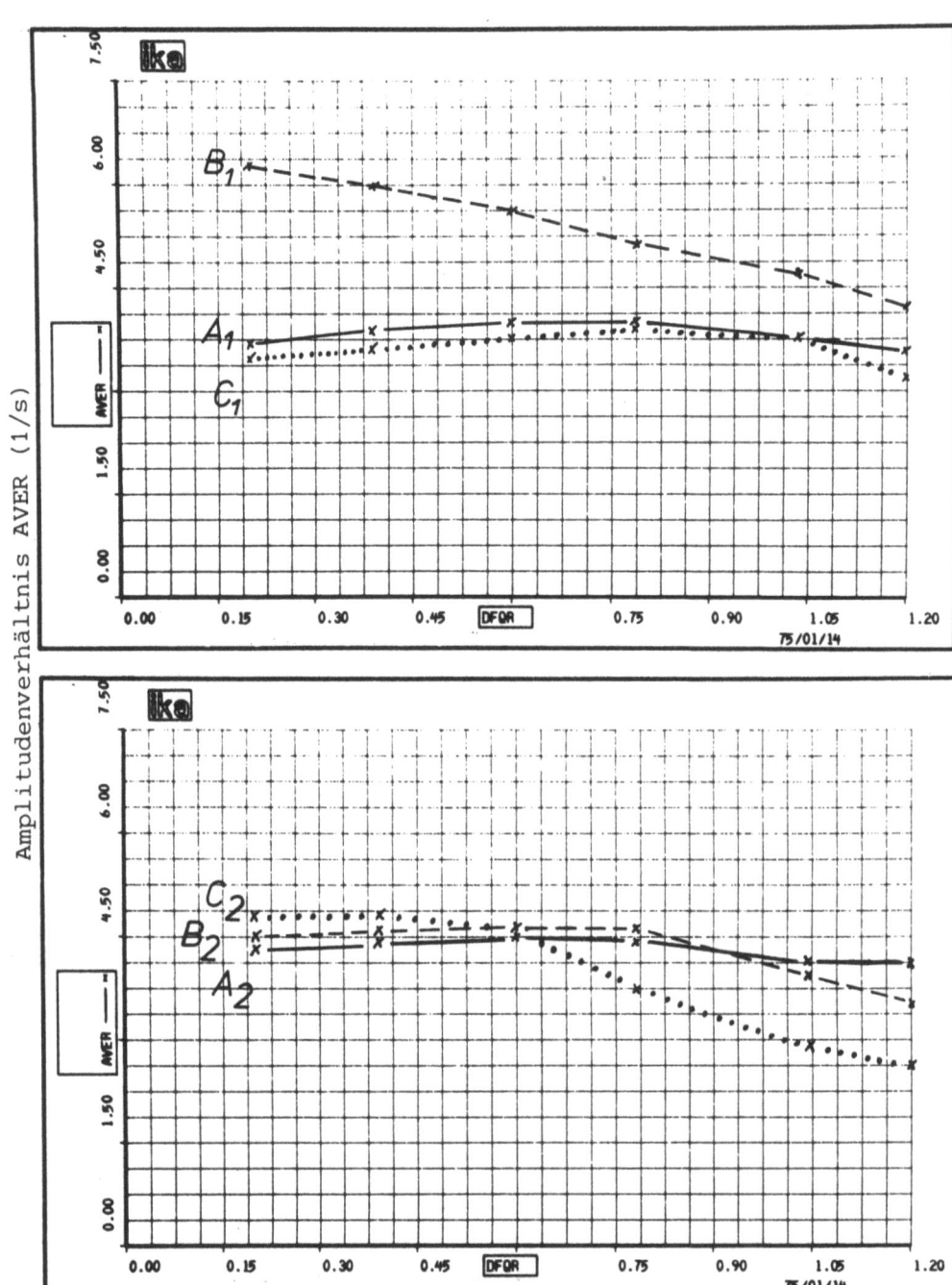

Abb. 17: Verhältnis der Amplituden von Gierwinkelgeschwindigkeit und Referenzlenkwinkel

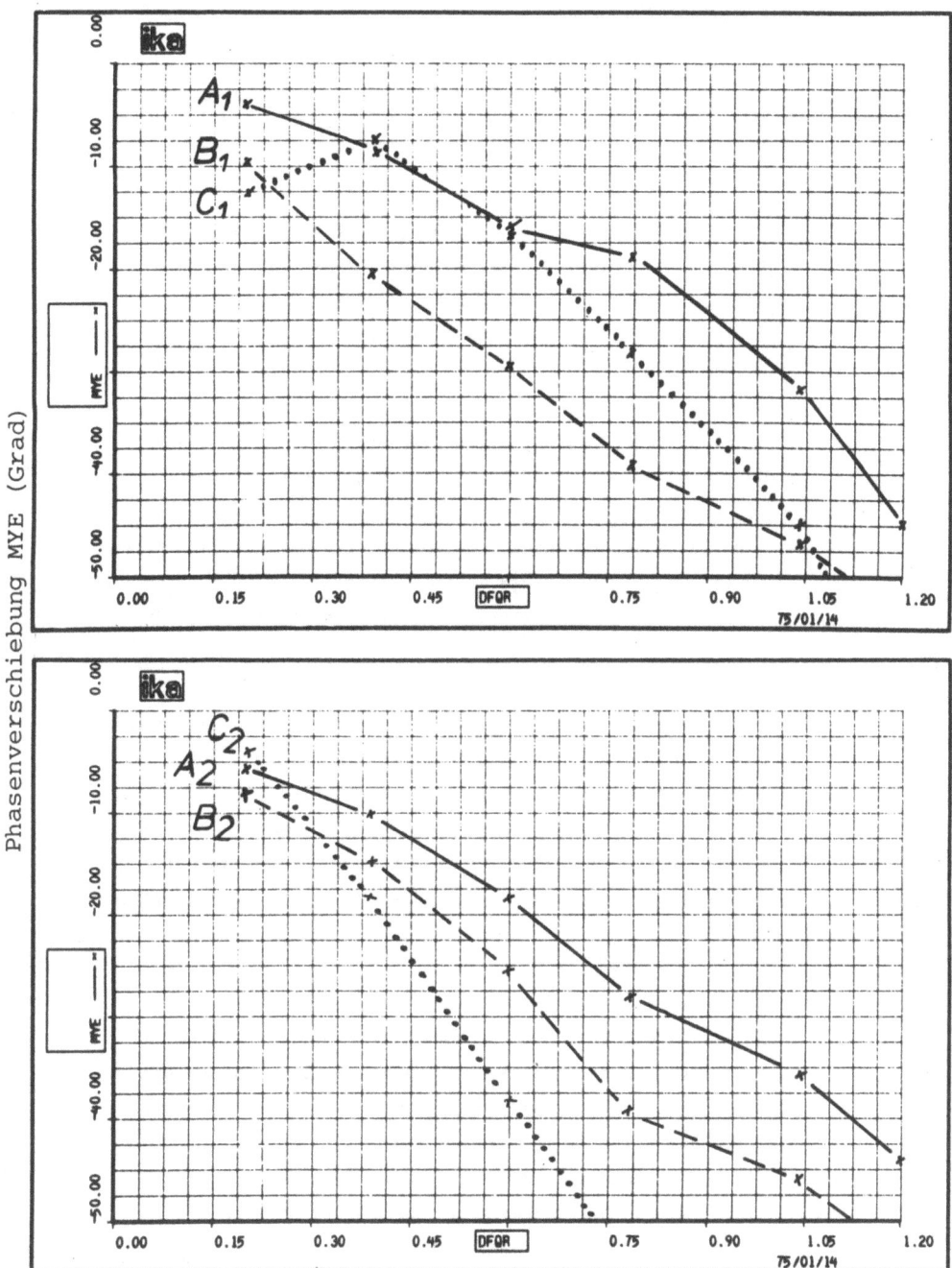

Abb. 18: Phasenverschiebungswinkel zwischen der Gierwinkelgeschwindigkeit und bezogenem Lenkradeinschlag (reference steer angle)

8. ZUSAMMENFASSUNG

Mit der vorliegenden Untersuchung wurde ein Forschungsprogramm eingeleitet, das in seiner langfristigen Zielsetzung die Erstellung eines Verfahrens zur objektiven Bewertung der fahrdynamischen Eigenschaften von Kraftfahrzeugen beinhaltet.

Im Rahmen der Untersuchung wurden Verfahren zur Erfassung der fahrdynamisch relevanten Fahrzeugeigenschaften entworfen und die zur Messung notwendigen Vorrichtungen erstellt. Es wurden insgesamt zehn Fahrzeuge der Erfassungroutine unterworfen. Die Fahrzeugderivativa sind in einer Datenbibliothek archiviert, die regelmäßig erweitert werden soll.

Für sechs der in der Bibliothek enthaltenen Fahrzeuge wurden die Fahrmanöver der stationären Kreisfahrt, der Einfahrt in einen Kreis und der sinusförmigen Lenkwinkelvorgabe mit Hilfe eines Simulationsprogrammes berechnet und anhand einiger der z. Z. aktuellen Auswertungsmöglichkeiten auf ihre Aussage über das Fahrverhalten der Testfahrzeuge untersucht.

Die Ergebnisse der Untersuchung geben einen Einblick in den Trend der fahrdynamischen Abstimmung moderner PKW und ermöglichen eine Analyse der angewandten Bewertungsmethoden. Sie leisten damit einen Beitrag zu der Entwicklung eines Bewertungsverfahrens für das Fahrverhalten von PKW. Die abgeschlossene Untersuchung bildet außerdem mit dem Erfassungsprogramm, der Datenbibliothek und den Ergebnissen der Simulation die Grundlage für weiterführende Forschungsvorhaben auf dem Gebiet der Fahrstabilität.

Literaturverzeichnis

1 Sorgatz, U.
Ein theoretisches Fahrzeug-Modell zur Abbildung
der Fahrdynamik bis in den Grenzbereich
Dissertation Aachen 1973

2 Sievert, W.
Ein Meß- und Auswerteverfahren zur experimentellen
Ermittlung von Fahreigenschaften eines PKW bei
instationären Fahrzuständen am Beispiel des Wedeltests
Dissertation Aachen 1973

3 Mitschke, M.
Fahrtrichtungshaltung-Analyse der Theorien
ATZ 1968   S. 157

4 Bergman , W.
Anforderungen an die Fahreigenschaften eines
Kraftfahrzeuges
ATZ 1971   S. 37 und 255

5 Zomotor, A.
Testmethoden zur Untersuchung der Fahreigenschaften von
Kraftfahrzeugen im instationären Betrieb
ATZ 1974   S. 223

6 Niemann, K.
Anforderungen an die Dynamik eines Kraftfahrzeuges auf
kurvenreichen Fahrbahnen
ATZ 1974   S. 299

7 Zomotor, A., Braess, H.A., Rönitz, R.
Doppelter Fahrspurwechsel - eine Möglichkeit zur
Beurteilung des Fahrverhaltens von Kraftfahrzeugen
ATZ 1974   S. 258

8   German proposal for test procedure for a severe lane-change-manoeuvre. ISO-meeting, Sept. 1971 (München). ISO Technical Committee 22, Subcommittee 9 (vehicle dynamics and road holding ability)

9   Linke, W., Richter, B., Schmidt, R.
Simulation and Measurement of Driver Vehicle Handling Performance
SAE - Paper 730489, 1973

10   ISO/TC 22/SC 9 revised draft document (UK - 1) 1974
Steady state circular Test Procedure

11   Vehicle dynamics terminology
SAE J 670 a, 1965

12   Experimental Safety Vehicle (Family Sedan)
RFP, Statement of work DOT-OS-00095,
May 14, 1970

13   Engels, H. R.
Ein Beitrag zur Beurteilung des Eigenlenkverhaltens von Kraftfahrzeugen
ATZ   1967   S. 423

14   Mitschke, M., Strackerjan, B.
Vergleich zwischen Messungen und Rechnungen zum Giergeschwindigkeitsfrequenzgang von Personenkraftwagen
AI   3/74   S. 39

15   Niemann, K.
Messungen und Berechnungen über das Regelverhalten von Autofahrern
Dissertation TU Braunschweig, 1972

16   Krügel, M., Hoffmann, H.
Untersuchungen über Prüfverfahren zur Beurteilung des Fahrverhaltens
DKF-Heft 244   1974   S. 13

Forschungsberichte des Landes Nordrhein-Westfalen

Herausgegeben im Auftrage des Ministerpräsidenten Heinz Kühn
vom Minister für Wissenschaft und Forschung Johannes Rau

Sachgruppenverzeichnis

Acetylen · Schweißtechnik
Acetylene · Welding gracitice
Acétylène · Technique du soudage
Acetileno · Técnica de la soldadura
Ацетилен и техника сварки

Arbeitswissenschaft
Labor science
Science du travail
Trabajo científico
Вопросы трудового процесса

Bau · Steine · Erden
Constructure · Construction material ·
Soilresearch
Construction · Matériaux de construction ·
Recherche souterraine
La construcción · Materiales de construcción ·
Reconocimiento del suelo
Строительство и строительные материалы

Bergbau
Mining
Exploitation des mines
Minería
Горное дело

Biologie
Biology
Biologie
Biologia
Биология

Chemie
Chemistry
Chimie
Química
Химия

Druck · Farbe · Papier · Photographie
Printing · Color · Paper · Photography
Imprimerie · Couleur · Papier · Photographie
Artes gráficas · Color · Papel · Fotografía
Типография · Краски · Бумага · Фотография

Eisenverarbeitende Industrie
Metal working industry
Industrie du fer
Industria del hierro
Металлообрабатывающая промышленность

Elektrotechnik · Optik
Electrotechnology · Optics
Electrotechnique · Optique
Electrotécnica · Optica
Электротехника и оптика

Energiewirtschaft
Power economy
Energie
Energía
Энергетическое хозяйство

Fahrzeugbau · Gasmotoren
Vehicle construction · Engines
Construction de véhicules · Moteurs
Construcción de vehículos · Motores
Производство транспортных средств

Fertigung
Fabrication
Fabrication
Fabricación
Производство

Funktechnik · Astronomie
Radio engineering · Astronomy
Radiotechnique · Astronomie
Radiotécnica · Astronomía
Радиотехника и астрономия

Gaswirtschaft
Gas economy
Gaz
Gas
Газовое хозяйство

Holzbearbeitung
Wood working
Travail du bois
Trabajo de la madera
Деревообработка

Hüttenwesen · Werkstoffkunde
Metallurgy · Materials research
Métallurgie · Matériaux
Metalurgia · Materiales
Металлургия и материаловедение

Kunststoffe
Plastics
Plastiques
Plásticos
Пластмассы

Luftfahrt · Flugwissenschaft
Aeronautics · Aviation
Aéronautique · Aviation
Aeronáutica · Aviación
Авиация

Luftreinhaltung
Air-cleaning
Purification de l'air
Purificación del aire
Очищение воздуха

Maschinenbau
Machinery
Construction mécanique
Construcción de máquinas
Машиностроительство

Mathematik
Mathematics
Mathématiques
Matemáticas
Математика

Medizin · Pharmakologie
Medicine · Pharmacology
Médecine · Pharmacologie
Medicina · Farmacologia
Медицина и фармакология

NE-Metalle
Non-ferrous metal
Metal non ferreux
Metal no ferroso
Цветные металлы

Physik
Physics
Physique
Física
Физика

Rationalisierung
Rationalizing
Rationalisation
Racionalización
Рационализация

Schall · Ultraschall
Sound · Ultrasonics
Son · Ultra-son
Sonido · Ultrasónico
Звук и ультразвук

Schiffahrt
Navigation
Navigation
Navegación
Судоходство

Textilforschung
Textile research
Textiles
Textil
Вопросы текстильной промышленности

Turbinen
Turbines
Turbines
Turbinas
Турбины

Verkehr
Traffic
Trafic
Tráfico
Транспорт

Wirtschaftswissenschaften
Political economy
Economie politique
Ciencias economicas
Экономические науки

Einzelverzeichnis der Sachgruppen bitte anfordern

Westdeutscher Verlag GmbH
– Auslieferung Opladen –
567 Opladen, Postfach 1620

MIX
Papier aus verantwortungsvollen Quellen
Paper from responsible sources
FSC® C105338

If you have any concerns about our products,
you can contact us on
ProductSafety@springernature.com

In case Publisher is established outside the EU,
the EU authorized representative is:
**Springer Nature Customer Service Center GmbH
Europaplatz 3, 69115 Heidelberg, Germany**

Printed by Libri Plureos GmbH
in Hamburg, Germany